U0195587

海上溢油污染防治与
监视监测技术研究

主　编　白景峰　郭庆宏
副主编　李大兴　杨秀妍　于　航

海洋出版社

2024年·北京

图书在版编目(CIP)数据

海上溢油污染防治与监视监测技术研究／白景峰，郭庆宏主编；李大兴，杨秀妍，于航副主编. -- 北京：海洋出版社, 2024. 11. -- ISBN 978-7-5210-1315-3

Ⅰ. X55

中国国家版本馆 CIP 数据核字第 2024CQ2318 号

责任编辑：高朝君
助理编辑：吕宇波
责任印制：安　淼

海洋出版社 出版发行

http：//www. oceanpress. com. cn
北京市海淀区大慧寺路 8 号　邮编：100081
涿州市般润文化传播有限公司印刷　新华书店经销
2024 年 11 月第 1 版　　2024 年 11 月北京第 1 次印刷
开本：787mm×1092mm　1/16　印张：10.25
字数：188 千字　　定价：98.00 元
发行部：010-62100090　编辑室：010-62100038
海洋版图书印、装错误可随时退换

《海上溢油污染防治与监视监测技术研究》
编写委员会

前　言

海洋占地球表面的 71%，是人类赖以生存的地球系统的重要组成部分。海洋是资源的宝库，水资源丰富，负责全球水资源的流通，甚至在很大程度上影响着全球气候变化。海洋中存在大量浮游植物，光合作用产生的氧气量约占全球氧气量的 70%。海洋含有丰富的矿产资源，如可燃冰、石油，还含有钠、镁、钙等化学元素，其含量远远大于陆地开采量。

石油是当今世界的主要能源之一，被称为经济乃至整个社会的"黑色黄金"和"经济血液"。人类对于石油的开发和利用使得大量的石油及石油产品进入自然生态环境中，对生态环境造成严重的污染。石油进口主要通过海洋运输，使得海洋运输业得到了长足发展，然而，随之而来的海上溢油事故不断发生，海洋石油污染已引起世界各国的广泛关注。

当溢油事故发生后，一部分溢油形成油膜漂浮在海面上，另一部分溢油经过风化和水动力等多重因素作用而沉潜，形成沉潜油。可以说，沉潜油是对溢油发生后油品在水体中存在形态的一个相对新颖的定义。目前，沉潜油在国内尚无统一的说法或定义，在国际上相关的研究多根据油类在水体中的形态进行描述，对沉潜油形成及迁移运动规律的研究较少。

本书在系统介绍溢油的来源及危害的基础上，对沉潜油的主要概念及产生原因进行详细阐述；通过分析现有的海上溢油污染防治技术，为溢油事故中沉潜油的防治和应急处理提供科学依据；全面分析国内外在海上溢油及沉潜油污染防治中的研究现状，分析数值模拟、微观实验等研究手段的发展趋势；在此基础上开展沉潜油形成及运动规律的系统研究，分析不同外部条件作用下沉潜油的运动规律，并对沉潜油的污染防治技术手段及应急方式进行系统分析，为构建沉潜油污染应急体系提供技术支撑。

限于作者水平，书中难免有不妥之处，敬请读者批评指正。

目　　录

第1章 海上溢油概述

1.1 海上溢油的来源

目前，随着海上运输的快速发展，不同程度的海上溢油事故不断出现，引发了人们对溢油的广泛关注。海上溢油的频发不但会对生态环境造成巨大的影响和损害，还会造成高达几千万元甚至上亿元的直接损失，同时也会对人类的生活环境产生严重的威胁。

在石油勘探、开发、炼制及储运过程中，由于意外事故或操作失误造成原油或油品从作业现场或储器中外泄，溢油流向地面、水面、海滩或海面，同时由于油质成分的不同，形成薄厚不等的油膜，这一现象称为溢油。在众多的海洋污染物中，石油污染造成的危害尤为严重。特别是一些突发性的事故，一次泄漏的石油量可达 10 万 t 以上，这种情况的出现使大片海水被油膜覆盖，将导致海洋生物大量死亡，严重影响海产品的价值以及其他海上活动。持续的石油自然渗漏也会向生态环境中持续释放低含量的石油烃。据估计，每年全球有超过 900 万桶石油通过这种自然渗漏的方式被释放到环境中。

溢油事故的来源主要分为两个方面：一是因海洋石油、天然气勘探开发，海底输油管线布设，石油运输，船舶碰撞、搁浅、沉没及其他突发事故造成的石油或其制品在海洋、河流、湖泊、库区等的泄漏。二是因陆地、工厂废弃油污无序排放，生活、工业污水排放，船舶垃圾、污油水及废弃物抛弃入海等人为因素造成的水域污染。

溢油发生后，油品进入海洋、地表水体等，通过扩散、漂移等作用对海洋及地表水体等生态环境以及社会造成严重破坏，对环境影响最严重的是人类活动造成的突发性溢油事故。而海上溢油事故是其中影响最大、发生频次最多的溢油事故类型。其发生因素主要包括：沿海港口、船坞、炼油厂等含油污水排入海洋；船舶漏油、排放或发生事故，使油品直接进入海洋；海底油田在开采过程中溢漏或井喷；大气中的石油烃沉降以及海洋底层局部自然溢油等。

1.2　海洋溢油的污染现状

近年来，海洋溢油事故频发，海岸带石油污染严重。例如 2010 年的"深水地平线"溢油事故污染了超过 1 040 km 的墨西哥海岸带栖息地。海洋石油污染的突发性输入主要包括船舶、油轮事故导致的石油泄漏，以及海上石油开采中因钻塔爆炸造成的泄漏或钻井时发生的井喷事故；慢性长期输入则包括含油废水的排放、飓风等导致的海底滑坡、海底石油渗漏、沉积岩被腐蚀时石油的渗出、含油颗粒或沥青块的沉降以及大气沉降等。据联合国环境规划署报告，每年有 200 万~2 000 万 t 的石油流入海洋。

自 20 世纪 50 年代后期起，我国已经开始在海域进行石油调查和勘探开发工作，近年来海上油气田在我国石油勘探开发中的地位日益重要。海洋石油勘探开发速度迅猛，产能不断扩大，同时海上运输、近海港口建设、养殖业等都发展迅速。在此过程中，由于试油、运输、储存以及其他原因造成海洋突发性的溢油事件的概率不断增长。自 20 世纪 80 年代以来，溢油事件有上升趋向，几乎每年都会发生由于井喷、漏油、输油管道爆炸等原因引起的溢油事故。中国历史上最大一次船舶溢油事故就发生在南海海域，1976 年 2 月，"南洋"轮在汕尾附近海域与其他船发生碰撞，导致至少 8 000 t 货油溢出；2010 年 4 月，位于北美大陆东南沿海水域的墨西哥湾由于钻井时石油泄漏发生爆炸，此爆炸事故导致的溢油事故是世界第二大海上溢油事件，在 3 个月内共向墨西哥湾输入了至少 6×10^8 L 的原油和大量气体（如甲烷、乙烷、丁烷、丙烷等）的混合物。海上石油井的爆裂及石油管线的破裂所带来的危害，对海洋环境、人类的身体健康和可持续发展产生了直接或间接的影响。因此，海洋溢油污染日益严重。有专家展望，我国海域可能是未来溢油事件的多发区和重灾区。近年来国内外典型海上溢油事故如表 1-1 和表 1-2 所示。

表 1-1　国内主要溢油事故统计

年份	事故名称	溢油量/t	事发地
2011	蓬莱 19-3 油田溢油	300	渤海海域
2010	大连湾漏油	1 500	大连湾
2009	"圣狄"轮溢油	50	珠海高栏岛
2005	"金太隆 2"轮溢油	380	福建晋江围头湾

续表

年份	事故名称	溢油量/t	事发地
2004	"现代促进"轮与"伊伦娜"轮碰撞	1 200	珠江口
2002	"塔斯曼海"轮溢油	200	天津港外
	"宁清油 4"轮溢油	900	汕头南澳
2001	"隆伯 6"轮溢油	2 500	福建平潭海城
2000	"德航 298"轮溢油	200	珠江口
1999	"东涛"轮溢油	500	横沙锚地
	"闽燃供 2"轮溢油	589	广州港伶仃水道
1998	"滨海 219"轮溢油	120	黄河口
1997	"大庆 243"轮溢油	1 000	南京港
1996	"中化 1"轮溢油	900	厦门港
	"安福"船溢油	632	福建湄洲湾
	"浙普渔油 31"轮溢油	476	大连港

表 1-2 国外主要溢油事故统计

年份	事故名称	溢油量/t	事发地
2010	"深水地平线"石油钻井平台溢油	600 000	墨西哥湾
2007	"河北精神"号溢油	11 000	韩国
2006	"Solar 1"轮溢油	200 000	圭玛纳斯岛中部海域
2002	"威望"号溢油	63 000	西班牙加利西亚海域
1996	"海上皇后"号溢油	72 000	英国米尔福德港
1994	管道泄漏	105 000	俄罗斯 Usinsk 油田
1993	石油平台爆炸	270 000	伊朗 Nowruz 油田
	"布莱尔"号溢油	85 000	英国设得兰群岛
1992	"爱琴海"号溢油	74 000	西班牙拉科鲁尼亚
	KATINA P	67 000	莫桑比克马普托附近
	"拉蒂娜"号溢油	66 700	马普托
	井喷	300 000	乌兹别克坦 Fergana 湾
1991	海湾战争	816 000	科威特
	"ABT 夏天"号溢油	260 000	安哥拉外海
	"天堂"号溢油	144 000	意大利热那亚
1989	"哈尔克 5"号溢油	70 000	摩洛哥大西洋海岸
	"埃克森·瓦尔迪兹"号溢油	37 000	阿拉斯加威廉王子湾附近
1988	"奥德赛"号溢油	132 000	加拿大新斯科舍

年份	事故名称	溢油量/t	事发地
1985	"新星"号溢油	70 000	哈尔克岛
1983	CASTILLO DE BELLVER	252 000	南非萨尔达尼亚湾附近
	油井损坏	260 000	波斯湾
1981	储蓄罐泄漏	110 000	科威特 Shuaybah
	IRENES SERENADE	100 000	希腊纳瓦里诺湾
	井喷	140 000	利比亚
1979	ATLANTIC EMPRESS	287 000	西印度群岛多巴哥附近
	"独立"号溢油	94 000	土耳其博斯普鲁斯海峡
	储油罐泄漏	85 000	尼日利亚 Forcados
1978	"卡蒂兹"号溢油	223 000	法国布列塔尼附近
	管道泄漏	100 000	伊朗波斯湾
	储油罐泄漏	65 000	罗德西亚 Salisbury
1976	"乌古拉"号溢油	100 000	西班牙拉科鲁尼亚
1975	"雅各布-马士基"号溢油	88 000	葡萄牙波尔图

1.3 溢油在海洋环境中的变化及归宿

（1）风化

油污流入海中后会经历多个物理化学过程，这些过程会使溢油发生迁移、形变以及成分的改变，其中包括扩展、迁移、蒸发、溶解、扩散、乳化、沉淀、光氧化、生物降解等，所有的这些过程统称为风化过程，它们共同组成了溢油的完整的行为过程。然而每个过程的相对重要性是随时间而改变的，溢油还会在潮流和风的共同作用下进行迁移。

（2）扩展

扩展过程是溢油在重力、黏性力、表面张力等作用力的共同作用下在水面上向外延展扩开的过程。油溢出后会马上在海面上扩展开来，扩展的速度取决于油的黏度与溢出总量，低黏度的油要比液态的高黏度油扩展的速度快很多。溢油初始会以一整块完整油膜的形式扩展但很快就会破碎，随着扩散的进行，油膜的厚度会变薄，从外观上看会从黑色或深棕的油斑变成银色或彩虹色的光带。而有些半固体或是黏度很大的溢油并不会扩展成很薄的油膜，有时甚至会有几厘米厚。在开阔水域，风的作用会使油膜扩展呈条带状，扩展的方向与风向平行。

扩展的速率会受到风、浪、潮流等因素的影响，它们的作用效果越强，扩展的速率就越快，很多实例都表明溢油可以在几小时内扩展几平方千米或是在几天内扩展几百平方千米。除了低黏度的少量溢油外，大部分情况下溢油扩展时的油膜厚度都不是均匀的，而且有时厚度的变化会很大，最大可以达到几毫米。

(3) 迁移

将溢油视为质点，溢油随风、潮流发生位移的过程叫作迁移过程。该过程是由于溢油与风、水流之间的摩擦作用，溢油受力发生迁移所引起的。该过程成因简单明了，易于理解，同时也是决定溢油归宿的重要因素。

(4) 蒸发

溢油中可挥发的成分会蒸发到大气中，其蒸发的速率与环境温度和风速有关。通常情况下沸点低于200℃的组分在温和条件下会在24 h内挥发，低沸点的成分越多，挥发的程度就越大。

初始的扩展速率也会对蒸发速率产生影响，因为溢油的表面面积越大，蒸发就会越剧烈。高温、大风、恶劣的海面环境也会加速溢油的挥发。蒸发后的剩余成分的密度与黏性会增加，从而影响随后的风化过程。一些经过提炼的产品如煤油、汽油会在溢出几小时后完全挥发。

(5) 扩散

扩散是溢油在其他外界作用下向四周散开的过程。溢油的扩散过程主要受溢油自身性质和海面状况影响，低黏度溢油在有碎浪的时候该过程进行得较为剧烈。海面的浪和湍流会使全部或部分油膜破碎成不同大小的油滴混合在水中上层，其中较小的油滴会持续悬浮，而较大的油滴则会重新浮到表面与其他油滴重新结合成油膜。对于那些直径小于709 μm的油滴来说，它们向表面上升的浮力会与湍流的作用相平衡，所以它们会保持悬浮状态。这些扩散的溢油会混合到更多的海水中，明显减少溢油的聚集，而由于扩散作用新增加的溢油面积也会促进其他过程的发展。

在平静的海面上，溢油在保持液态并不受其他过程阻碍的情况下会扩散几天，之后扩散过程会逐渐停止，而分散剂会加快这一自然过程。相反，黏度较大的溢油趋向于在水面形成厚的碎片而几乎不会扩散，即使加入分散剂也是如此。

（6）乳化

溢油与水结合在一起会形成乳化物，溢油会把独立的小水滴包裹起来（图1-1），这个过程甚至会把溢油污染物的体积扩大到5倍，当溢油中的镍钒聚合物或沥青成分较多时，乳化更容易发生。黏度高的油（如重油）吸水乳化的速度要低于黏度低的溢油。随着乳化过程的进行，油的运动会使与油结合的水的体积减小，这样会使乳化物黏度增大，与此同时，沥青成分会从油中沉淀并将水包裹住，从而提升乳化物的稳定性。随着结合水量的增多，乳化物的密度会接近海水密度，但如果没有固体粒子的加入则不大可能大于海水密度。稳定的乳化物可能包括70%~80%的水，通常是半固体，呈红棕色、橘色或黄色，它们很稳定并会持续保持乳化状态。不稳定的乳化物会在日光的加热下分解，变成油和水。

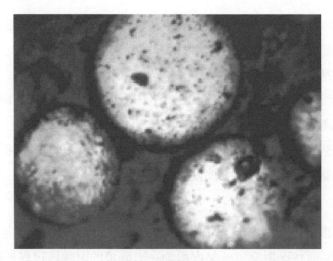

图1-1　放大1 000倍的油水结合后的乳化物

油水形成的乳化物会极大地减缓其他过程发生的进度，而且是中质、轻质原油能够长时间在海面留存下来的最主要原因。虽然稳定的乳化物的行为与黏性大的溢油相似，但由于成分不同，在进行溢油处理时方式会有不同。

（7）溶解

溶解的速率和溶解量受溢油性质与其他风化过程共同影响，溢油中的重质成分实际上不溶于水，只有轻质成分如苯少量溶于水。然而，这些化合物极易挥发，其挥发速度能达到溶解速度的1 000倍，因此碳氢化合物在海水中的溶解浓度不超过1×10^{-6} mg/L，溶解过程不作为溢油的主要风化过程来考虑。

（8）光氧化

碳氢化合物会与氧气发生反应生成可溶解的物质或性质更稳定的焦油，阳光会促进氧化反应，当然在溢油溢出的所有阶段，该过程一直都在进行。分解作用的效果与其他风化过程相比很微小，即使是在强烈的日光下其每天的分解量也不到0.1%。油水乳化物或黏度大的溢油的较厚油层会氧化为稳定的残渣而不是降解，这是因为氧化形成的高分子量化合物会将其包裹起来形成保护膜。例如，在岸边搁浅的焦油，周围都包裹着由被氧化的油与沉淀物构成的固体外壳，而里面是较为柔软，未被风化充分的成分。

（9）沉淀

溢油可以与沉淀颗粒或有机物作用使之密度变大而下沉至海底。浅滩、河口等处含有大量可以与溢油结合的固体悬浮颗粒，因此可以给溢油颗粒的沉淀提供很好的环境，同样，海上溢油会与海风刮来的沙尘结合产生沉淀。溢油甚至会被浮游生物摄取随排泄物一起沉淀。

大多数的溢油比重小于水，所以会浮在表面，除非它们与其他密度更大的物质相互作用。然而，一些密度与海水接近而且与其他沉淀物作用很小的重质原油和油水乳化物也会下沉。只有一些残余油的比重会比海水还重（密度大于1.025 g/mL），它们在溢油发生后立刻就会下沉。

在风大浪急的海面上，密度较大的溢油可能会被大浪盖住并且在水表面下维持相当长一段时间，使之很难在水表面以上被观察到。这个现象可能会与沉淀过程发生混淆，但是等海面恢复平静，溢油会重新浮上来（图1-2）。

图1-2 人工处理沉入水中的重油

（10）岸边吸附

搁浅溢油与海岸的相互作用主要取决于所暴露的海岸的能量等级与岸边基质的尺寸大小。不同种类的海岸有着不同的能量等级。

在暴露的沙滩上，溢油会在堆积与侵蚀作用下被沙子覆盖，并与沙子结合，当升降潮来临或有风暴时，溢油就会被海水重新冲刷回海里并沉入海中。粗糙的沙子会在海水中与溢油分离，使溢油重新浮到海滩上并不断重复这一过程。有时可以观察到沙滩发出的光泽，这就是这一过程进行时所能看到的现象。

在富有矿物质微粒（小于 4 μm）的海岸，溢油会与这些微粒作用生成絮状物，并在潮流的作用下悬浮在海中。这些絮状物性质稳定，它们可能会随潮流移动到更远的地方。

在泥泞的沼泽和淤泥质海滩上，溢油无法渗透到这些底质之下，只能停留在表面上。在恶劣天气下，溢油也可以和这些细纹理的颗粒混合在一起，当海水状态恢复平静后，这些颗粒就会沉淀下来并把溢油"锁"在里面，可以在这种受到庇护的条件下保持很久，由于沉淀物中含氧量极低，溢油几乎不会发生降解。

在由鹅卵石构成的基岩海岸，溢油如果得不到及时清理就会形成"沥青路面"（图1-3），这是由于溢油表面被氧化造成的。溢油可以很容易渗入这些基质当中不会被海水冲刷重新带回到海中，这些溢油如果不加处理可以在海边存在数十年之久。

图1-3 持续15年的"沥青路面"

(11) 生物降解

海水中含有很多可以将石油当作其维持机体新陈代谢的营养物质的微生物，如细菌、霉菌等，它们可以利用溢油得到能量与碳元素。影响生物降解速率的主要因素包括溢油性质、氧含量、营养素含量(主要为氮磷化合物)、温度等，降解过程中会生成很多中间物质，但最终的产物是二氧化碳和水。

每种微生物只能降解一组特定的碳氢化合物，所以一个完整的生物降解过程都是在多种微生物的作用下共同完成的，在此过程中会有复杂的菌群生成。这些微生物只是相对少量存在于海洋中，一旦有溢油存在就会迅速大量繁殖，直至因缺氧或营养素不足而被抑制。另外，虽然微生物可以降解绝大部分碳水化合物，但一些复杂的大分子化合物可以不受影响并保留下来。这些化合物一般呈黑色。

1.4 溢油的危害

1) 危害人体健康

石油对人体的健康具有极大的负面作用，其中石油中的多环芳烃被归类为 B2 类致癌性物质。这类物质会影响人类的造血系统与神经系统，引起人体器官的病变。石油化学成分复杂且含有大量烃类有毒有机物，其中某些成分极难降解，在海洋中滞留时间较长，经过生物富集和食物链传递进入人体，影响人的胃、肝、肾等器官的正常功能，使人产生疾病。石油中含有的有毒物质挥发到大气中，引起清污人员和附近居民不同程度的头痛、恶心、呼吸困难等症状。溢油污染物容易导致儿童贫血、白细胞数量减少、肺功能异常等疾病。溢油污染对人类身体造成危害的主要途径有两个：一是与溢油的直接接触，有研究表明，在对溢油进行处理的工作人员中，大部分人出现皮肤疾病、呼吸疾病等症状；二是石油中的各类组分会通过海洋食物链、食物网富集，若人类食用此类海产品，最终会威胁到自身的健康。

2) 危害海洋环境

油污漂浮在海面上，受外力(风、浪等)迫使其朝着周边扩散，油膜隔绝了空气，阻碍了海水与大气的气体交换，使海水自净能力减弱，同时浮游植物光合作用受阻，水中氧气不能有效补充，油膜在光照下会迅速升温，引起表层水温异常，这些突然变化使生物无法适应而死亡。油污理化性质变化会释放有害气体，引起环境恶化。此外，油膜使海洋水分蒸发减少，引起气候异常。石油在海水中短时间内难以消除，专家称 2010 年大连湾溢油事故对附近海域产生的生态危害长达 10

年之久。

发生溢油后，对于海洋环境的影响主要为油类物质中的多环芳烃会对海洋环境造成不利影响。多环芳烃是石油泄漏主要污染物组分之一，其在环境中具有持久性、半挥发性及生物毒性等特性，不仅可以通过长距离迁移，还可以随雨水淋溶及沉降等作用进入水体和沉积物环境中，通过土壤入渗可进入地下水环境，并通过挥发进入大气环境，在土壤、大气、水体以及沉积物等环境介质之间迁移和分配，最终形成以一定时空分布形式存在的浓度场，从而使环境中的生物通过不同的途径暴露在被污染的环境中，对健康产生严重威胁。石油烃类污染物可严重危害海洋水质和水生生物，其中存在于海水水面的浮油可快速扩散形成油膜，能够阻碍水气交换，降低水中溶解氧量，从而使水生生物因水体缺氧而死亡，对海洋环境造成较大的不利影响。

3) 危害海岸带生态系统

海岸带是海洋与陆地的交接地带，蕴藏着潮汐能、盐差能、波浪能等多种可再生海洋能，具有造地、防洪、减污、养殖、供饵、航运、建立海滨和海上旅游区、修建疗养区以及阻止海岸线侵蚀等多种环境功能和生态价值，对沿海区域经济发展起着重要作用。在风浪的作用下流入海洋的油及含油物质会漂移扩散，漂流至沿岸时，将对滩涂和沿岸设施带来污染危害，造成不可估量的损失（图1-4）。首先对海岸带生物造成危害，如海鸟死亡、鱼虾贝类中毒与死亡；其次使海岸带养殖业受到重创，渔具受到污染，渔场和养殖场遭受损失；最后对人类的生产和生活造成危害，当溢油波及海岸时，将使海岸设施、海滨风光游览区、海水浴场、港区船埠等遭受污染损害。

图 1-4　受溢油污染的海岸带生态系统

4) 危害海洋生物

(1) 对浮游生物的影响

相关研究表明，浮游植物的石油急性中毒致死浓度范围为 0.1~10 mg/L，一般为 1 mg/L，浮游动物为 0.1~15 mg/L。因此，一旦发生溢油事故，对海域内的浮游动物、浮游植物的损害无疑是十分严重的。这主要是由于油膜随潮流漂移，并会在很大程度上受到风力、风向的制约和影响。另外，一般浮游植物的生命周期仅 5.7 天，在油膜覆盖下，无法进行光合作用，加之多数油类具有毒性，通常不超过 2~5 天即因细胞溶解而死亡。同样，浮游动物也会在化工品毒性和缺氧条件下大量死亡。由此推测，当发生溢油污染事故时，在油膜扩散分布范围内的浮游生物基本上难以生存。而在超二类和三类的混合区范围内基础饵料遭破坏相当严重，估计在此范围内也有 30%~50% 的浮游动物、浮游植物受损，生物量会明显下降，一些非耐污种类会大量死亡。

(2) 对底栖生物和潮间带生物的影响

一旦发生溢油事故，必然给底栖生物的生境带来严重伤害。油膜接触海岸后，将很难再折回海中，其结果将导致该海域滩涂生物窒息或中毒死亡。不同种类底栖生物对石油浓度的适应性有所不同，多数底栖生物石油急性中毒致死浓度为 2.0~15 mg/L，其幼体的致死浓度范围更小些。双壳类软体动物能吸收水体中含量很低的石油，如 0.01×10^{-6} mg/L 的石油可能使牡蛎呈明显的油味，严重的油味可持续达半年之久。受石油污染的牡蛎会引起因纤毛鳃上皮细胞麻痹而破坏其摄食机制，进而导致其死亡。海胆、寄居蟹、海盘车等底栖生物的耐油污性很差，即使海水中的石油含量只有 0.01×10^{-6} mg/L，也会致其死亡 (图 1-5)。而 1‰ 浓度的乳化油即可使海胆在 1 h 内死亡。当海水中石油浓度在 $(0.01 \sim 0.1) \times 10^{-6}$ mg/L 时，

图 1-5　受溢油污染的海洋生物

对某些底栖甲壳类动物幼体(如无节幼体、藤壶幼体和蟹幼体)有明显的毒性。据文献报道，胜利原油对对虾各发育阶段造成影响的最低浓度分别为：受精卵 56 mg/L；无节幼体 3.2 mg/L；蚤状幼体 0.1 mg/L；糠虾幼体 1.8 mg/L；仔虾 5.6 mg/L，其中，蚤状幼体为最敏感发育阶段。

5) 对渔业资源的影响

发生溢油事故后，对渔业资源的影响主要体现为急性效应和慢性效应两个方面。

(1) 急性效应

乳化油会严重破坏鱼类正常生长环境，尤其是鱼卵、幼体等。发生溢油事故，将会直接影响到局部水域鱼类，主要包含下述途径：若溢油事故频繁出现在孵化场所，或者是产卵场所，那么，石油污染会导致鱼卵或者是幼体死亡；若产卵场所地理位置相对窄小，油污极其严重，即便是发育成熟鱼类也会窒息死亡；孵化场所或者是产卵场所遭受到石油污染，从某种意义上来说，产卵行为、怀卵数量等易于受到影响，种群的繁衍可能受到破坏；饵料质量低下，影响到成鱼、幼鱼再生长；石油污染对鱼类正常生长造成重大影响，尤其是生化、生理机能，更甚者还会致鱼类死亡。一般情况下，溢油事故出现，主要是因为水体流通不畅，或者是水域呈现半封闭状态，鱼类受到伤害程度则较重；若溢油事故发生在比较开阔的水域，鱼类受到伤害的程度则相对较轻(图1-6)。

图 1-6　受溢油污染的鱼类

(2) 慢性效应

诸多鱼类产生病害，主要是因为原生动物、微生物。但是是否出现病害，则关键在于环境，病原微生物、寄主之间是否相互作用，只有达到某种程度，才会产生病害。下述途径会严重影响生物：第一，因为污染，水质下降，鱼类对疾病的抵抗力减弱，容易致病；第二，诸多生物污染物进入海水之后，假如相关条件满足，毒物则会快速繁殖，从而产生病害；第三，多环芳香烃类物质造成生物生瘤等。

1.5　国内外典型海上溢油案例分析

1.5.1　"埃克森·瓦尔迪兹"号事故

1）事故概况

1989 年 3 月 24 日，美国埃克森公司的一艘巨型油轮在美国阿拉斯加州和加拿大交界的威廉王子湾附近触礁，原油泄出达 37 000 t，在海面上形成一条宽约 1 km、长达 800 km 的漂油带。事故发生地点原本风景如画，盛产鱼类，海豚、海豹成群。但事故发生后，礁石上沾满一层黑乎乎的油污，不少鱼类死亡，附近海域的水产业受到很大损失，纯净的生态环境遭受巨大的破坏(图 1-7)。

图 1-7　"埃克森·瓦尔迪兹"号事故现场

2）事故危害

"埃克森·瓦尔迪兹"号下水才 3 年，配备有各种现代导航设备。船长很熟悉阿拉斯加水域，可是起航后仅 3 h，为避开冰山而搁浅布莱礁威廉王子湾，船体被划开，石油泄漏到太平洋，漏油覆盖海面达 1 300 km²，清除漏油的工作由于启动迟缓、地点偏僻及地面冻结等原因受阻。

这是世界上代价最昂贵的海事事故。在短短的几天内，有 3 万只海鸟以及海豹、其他哺乳动物和无数的鱼惨死，环境污染也破坏了成千上万只候鸟一年两次来阿拉斯加觅食的这块土地。事故发生后，志愿者们拥向瓦尔迪兹，用温和的肥皂泡擦拭海獭和野鸭，却只能眼睁睁地看着它们死去。埃克森公司动用了大量资金来安抚小镇居民，雇佣渔民清洗沙滩的油污。很快，该公司便宣称这一曾经纯净原始的地区的大部分已经恢复，而事实上，这里的生物还在不断死去。科学家们估计，溢油事故发生后，短短数天，便有多达 25 万只海鸟、4 000 只海獭、250 只秃头鹰，以及超过 20 头虎鲸死亡(图 1-8)。

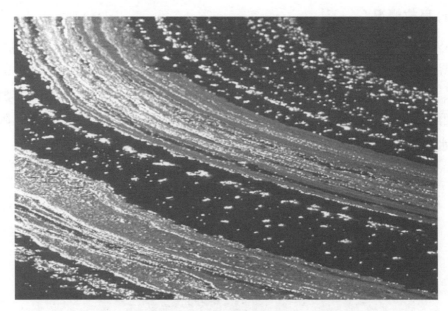

图 1-8 "埃克森·瓦尔迪兹"号事故发生后的海面

3) 应急处置

当石油停止流动的时候，已经有近 1 100 万加仑(1 加仑 = 0.003 785 t)的石油外泄，超过 2 000 km 的海岸线和离事故现场 750 km 的地方都被石油污染。

布莱暗礁位置偏远，只能通过船或者直升机到达，缺乏石油清理设备和化学分散剂，做出迅速反应很困难。灾难发生后，埃克森公司立刻花巨资弥补损失，雇佣超过 1 万人参与清污。公司在第一时间设置隔油栅把漏油的"瓦尔迪兹"号围住，随后在多处鱼类孵化地和鲑鱼溪设置隔油栅，还经过批准进行了分散剂和燃烧油污试验。埃克森出资请当地的渔民用高压水管清洗或手工清理海滩上的油污，在油层很厚的地方，直接用铲子和水桶清理。在平坦的沙滩，用

推土机将被石油污染的表面推走。美国环保局还在两个地点进行了微生物分
解油污试点,军方也动用了飞机运输隔油栅、撇油船、拖船等协助清理油污
(图 1-9 和图 1-10)。

图 1-9　岸滩清除油污

图 1-10　海洋清除油污

随后的清理工作持续了四个夏天,其中高峰期逾 1 万名工人、1 000 艘船,以
及 100 架飞机和直升机参与。但是 2001 年美国联邦的一项调查显示,当时威廉王
子湾一半以上的海滩表面或者地下仍有油污残留。同时对环境中残留石油总量的
估计各有不同。美国政府成立的一个监测机构推断石油每年减少不到 4%,按照这

个速率，这些油污完全消失需数十年甚至数百年。

4）事后调查与补偿

事故发生后，埃克森公司却无动于衷，既不彻底调查事故原因，也不及时采取有效措施清理泄漏的原油，更不向美国、加拿大当地政府道歉，致使事态进一步恶化。截至 1989 年 3 月，原油泄漏量已逾 1 000 万加仑，造成美国历史上最大的一起原油泄漏事故。美国、加拿大当地政府、环保组织、新闻界对埃克森公司这种置公众利益于不顾的恶劣态度十分气愤，发起了一场"反埃克森运动"。事件惊动了美国总统，美国总统于当日派出运输部部长、环保局局长等高级官员组成特别工作组，前往阿拉斯加进行调查。调查表明：造成这起恶性事故的原因是船长玩忽职守，擅离岗位。埃克森公司支付了 20 亿美元的清污成本，并支付了 10 亿美元用于栖息地恢复和重建项目，还另外支付给 1.1 万名渔民和土地所有者 5.07 亿美元，作为对他们业务损失的补偿。

灾难所带来的积极一面莫过于油轮安全性的提高。1990 年，美国国会通过石油污染法案，要求到 2010 年逐步淘汰在美国水域航行的单壳油轮，如果"埃克森·瓦尔迪兹"号是双壳油轮的话，或许就不会有如此大量的石油泄漏。该方案不仅设立了一个责任基金，还为居民主导的监督委员会建立起应对船主安全诉求的机制。

现在，进出瓦尔迪兹港的油轮由特别的拖船引导。利用预先设置的装备，反应团队可以成功地处理小规模的漏油事故。至于当年未曾发现"埃克森·瓦尔迪兹"号航线错误的海岸警卫队，现在也拥有了先进的卫星跟踪系统，保障海峡内外的运输安全。

1.5.2 "威望"号事故

1）事故概况

"威望"号是 20 世纪 70 年代日本生产的单壳油轮。多年来，单壳油轮的事故发生率是双壳油轮的 10 倍。20 世纪 90 年代，国际航运组织已要求各国航运公司报废单壳油轮。油轮卸货时所使用的泵直接放在船上。除油箱和管道外，油轮上还配有锅炉、螺旋桨、发电机、泵(大的油轮上的装卸泵可以每小时泵上万吨液体)和灭火装置。装载易燃液体的油轮都使用不燃气体充入油轮中空油箱的方法来防止燃烧或爆炸危险发生。这些不燃气体排掉含氧的空气，使得油轮内的空油箱里几乎完全没有氧气。有些船使用船本身的动力机构排出的废气来提炼上述的不燃气体，有些船则在卸货时从码头上充入不燃气体。2002年11月13日，一艘悬挂着巴哈马国旗的"威望"号油轮承载着7.7万t重质燃料油从拉脱维亚驶往直布罗陀海峡，在途经大西洋比斯开湾的西班牙海域时，遇到10级大风，在狂风巨浪当中，这艘已经航运了26年的油轮因失去控制而搁浅。陈旧的单壳船体撕裂出了一个长达35 m的口子，船内成吨的燃油喷涌而出。"威望"号所泄漏的是轮船或发电厂使用的燃油，呈黑色，较黏稠，有刺鼻的味道，危害性极大。在风浪中，失去控制的"威望"号向葡萄牙海域漂泊，所经之处形成一条宽5 km、长37 km的黑色油污带。

事情还没结束，2002年11月19日，"威望"号油轮断成两截，沉没到3 520 m的深海中，海底的"威望"号还剩有约6万t燃料油。在这样的水深之下，海水压力高达350 Pa，一艘已经断为两截的旧船随时可能被压碎(图1-11)。

图1-11 "威望"号事故现场

2) 事故危害

"威望"号沉船燃油泄漏事故发生在加利西亚海岸。此海域盛产各种鸟类及海绵，渔业资源极其丰富，珊瑚丛生，风光优美，是海鸟和其他海洋生物重要的停留地及迁移地，更有无数的海洋生物、海底生物等。这次泄漏的燃油比原油更具毒性。这里每年有无数游客观光旅游，沿岸约有4 000名渔民在此打鱼为生，还有3万人从事旅游、餐饮、运输业等。泄漏的燃油形成油膜，会使海洋生物缺氧窒息死亡。海鸟等动物黏上油污，失去保暖和飞翔能力，因而饥寒交迫、悲惨死亡。据一位当时在西班牙加利西亚海域参与救援的人员称，在污染最严重的海域，泄漏的燃油有38.1 cm厚，一眼望去海面上一片黑，偶尔还可以在海滩上看到几只垂死的鸟(图1-12), 原本碧海银滩、风光迷人的加利西亚海岸成了黑色油污的人间地狱。

燃油的有毒物质经过食物链, 最终将危及人类健康。据生态专家确定, 这次灾难是世界上极严重的漏油事件, 500 km 长的海岸线与183处海滩遭到污染, 而且会蔓延, 葡萄牙海域的生物也难逃劫难。

图1-12 受"威望"号事故污染的海鸟

西班牙长达500 km 的海岸线铺满了燃料油, 90多种海洋鱼类、贝类和珍稀动物, 18种海鸟成为"威望"号漏油事故的直接牺牲品, 4 000多名渔民因此不能下海捕鱼, 直接或间接受"威望"号污染影响的人数达3万人。加利西亚本是西班牙西北海岸著名的旅游胜地, 几天之中, 黑色黏稠的燃油浸透了海滩。西班牙政府拨款10亿欧元, 每天约7 000名志愿者参加的清污工作持续了几个月, 但是这次事故对当地旅游、渔业造成了直接的打击, 给当地生态环境造成巨大的、长久的灾难, 生态环境的恢复将需要长达几十年的时间。

3) 应急处置

西班牙政府和其他欧盟国家十分重视"威望"号油轮泄油事件, 并采取了一系列措施。西班牙政府首先立即成立了以第一副首相为首, 由环保、渔业、农业等部门的领导组成的紧急委员会, 全面处理"威望"号油轮泄油事件。西班牙政府又同法国、荷兰、德国等欧盟成员国合作, 向受污染海域派出了10多艘清污船。西班牙政府还在受污染严重的海岸放置了200 km 的围油栏, 派出了100名官兵并组织了600名志愿者在沿海用铁锹和铁桶清除海滩上的油污, 并尝试挽救150种受害动物。在清污船和海岸清污志愿者的共同努力下, "威望"号油轮已泄漏的近2万t 燃油中, 有10 760 t 被清除(图1-13)。

同时, 在事故发生后, 国际爱护动物基金会迅速成立紧急救助小组, 与当地野生动物保护组织在岸边建立海鸟救助中心。大批救助人员和志愿者将那些在海面油污中挣扎的海雀、海鸥等送到海鸟救助中心, 经精心护理与喂养后, 又将它们放归大自然。

图1-13 "威望"号事故发生后的现场应急

4)事故原因分析

(1)气象因素

"威望"号遭遇10级大风(每秒风速达24.5~28.4 m),浪高达11 m,因此船舶颠簸非常厉害,严重影响了船舶的能见度及驾驶员的视线。按照远洋惯例,船舶应该在14天前就获知这一天的气象预报,理应绕航躲避这个区域,避免造成沉船事故。

(2)船舶因素

10级大风固然是造成这次灾难的一个原因,但是几乎所有的分析都认为,造成如此令人震惊的海上燃油泄漏事件的真正原因是"威望"号本身。据了解,"威望"号油轮是1976年在日本建造,载重7.7万t,已有26年船龄,按照新的规定最多可运行至2005年。这种船,船体外板在12 cm左右,20多年的腐蚀超过2 cm,也就是船板厚度减薄,触礁不经撞,很容易出现问题。虽然单壳油轮跟它的沉没没有必然联系,但单壳油轮一经碰撞,原油便直接泄漏到海中。因而,国际海事组织后来就确认,要建造双壳油轮,一旦外壳被碰撞,双壳油轮救生的机会和防止污染的机会更大一些。船旗国巴哈马已查明"威望"号轮曾于2001年在其中部货油舱室做过大面积钢结构置换,此部位正是该轮断裂之处。根据国际海事组织调查,加上沉没的"威望"号,10年内世界发生了5起灾难性的海上石油泄漏事故,其中有4艘单壳船属于同类船只,它们都是日本在20世纪70年代制造。法国自发生"埃里卡"号油轮事故之后,已经强迫日本制造的单壳油轮退役,美国也早就命令禁止进口单壳油轮。根据相关统计,单壳油轮的失事率比双壳油轮高 5 倍，然而，目前在全球各地仍然在航行的油轮中有 60% 是单壳油轮。

（3）船舶管理因素

"威望"号悬挂巴哈马国旗，船上有 2 名希腊籍管理人员、24 名菲律宾籍船员和 2 名罗马尼亚籍船员。人们在寻找"威望"号悲剧的原因时惊奇地发现，"威望"号作为一艘拥有 26 年船龄的单壳油轮，在过去的 3 年中居然从未接受过港口检查。2002 年 6 月，"威望"号在直布罗陀海峡停留时，当地官员称这不是"威望"号的目的地，它只是短暂停留重新装货。2002 年 6 月 7 日，"威望"号又在希腊某港口停留，但希腊官员也称它在"交易"，所以没有上船检查。这就为潜在的危险埋下了隐患。

"威望"号的复杂性还在于它是在巴哈马注册，因而挂着巴哈马国旗作为"方便旗"，但它实际上的经营者是利比亚的环球海运公司，并由希腊有关机构管理，又被设在瑞士的一家俄罗斯石油交易公司租赁，其办公地点设在希腊的雅典。包租"威望"号的则是皇冠财源公司，办公地点设在瑞士，隶属一家名叫阿尔法集团的俄罗斯跨国企业集团，其主营业务是工业和银行业。一般大多数挂"方便旗"的船舶管理都比较差，对船员培训的要求比较低，也容易导致事故的发生。

西班牙"威望"号沉船事故再次引起了世界各国对油轮管理的重视、对世界海洋生态的关注，以及对原油泄漏事故预警和处理措施的加强。如欧盟 15 国交通部部长在 2003 年 3 月 27 日举行的部长理事会上同意禁用单壳油轮运输重油。

1.5.3　墨西哥湾原油泄漏事故

1）事故概况

2010 年 4 月 20 日，美国南部路易斯安那州沿海一个名为"深水地平线"的石油钻井平台在当地时间晚 10 点左右起火爆炸，致使 7 人重伤，至少 11 人失踪（图 1-14）。钻井平台爆炸沉没约两天后，海面下受损油井开始漏油。油井位于海面下 1 525 m 处，经海下探测器探查显示，钻井隔水导管和钻探管开始漏油，估计漏油量为每天 1 000 桶，据美国国家海洋和大气管理局估计，每天漏油大约 5 000 桶，5 倍于先前估计数量。油井继续漏油，工程人员又发现一处漏油点。为避免浮油漂至美国海岸，美国救灾部门"圈油"焚烧，烧掉了数千升原油。

图 1-14　墨西哥湾原油泄漏事故现场

　　2010 年 5 月 29 日，被认为能够在 2010 年 8 月以前控制墨西哥湾漏油局面的"灭顶法"宣告失败。墨西哥湾漏油事故进一步升级，人们对这场灾难的评估也愈加悲观。墨西哥湾原油泄漏事故已成为美国历史上最严重的生态灾难。事故于 2010 年 6 月 23 日再次恶化，原本用来控制漏油点的水下装置因发生故障而被拆下修理，滚滚原油在被部分压制了数周后，重新喷涌而出，继续污染墨西哥湾广大海域。漏油事故发生近 3 个月后，据监控墨西哥湾海底漏油油井的摄像头拍摄的视频截图显示，漏油油井装上了新的控油装置后再无原油漏出的迹象。此时，英国石油公司宣布，新的控油装置已成功罩住水下漏油点，再无原油流入墨西哥湾。

2) 事故危害

(1) 造成大面积海洋环境污染

　　从 4 月 20 日钻井平台发生爆炸到 9 月 19 日油井被有效封死，共有约 700 万桶原油泄漏墨西哥湾。从海面收集的一些样本表明，泄漏的原油从液体变成一种乳化的"摩丝"，再变成黏性的焦油团块，这些焦油团块随海水的流动而不断扩散，在更大的范围内破坏墨西哥湾的海洋环境。2010 年 5 月初的卫星图片显示，墨西哥湾油污面积已达 9 971 km^2，而 6 月的卫星图片显示，海面上的漏油覆盖面积已达 2.4 万 km^2。随着原油扩散而形成大面积的油膜，造成下层海水含氧不足，再加上原油中的有害物质等，对海水的物理性质和化学性质造成了严重的影响(图 1-15)。

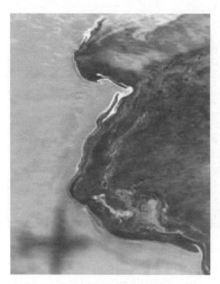

图 1-15 墨西哥湾原油
泄漏后的水面油污

（2）墨西哥湾生态系统遭受重创

墨西哥湾生活着种类繁多的生物，海水对于它们犹如人类的空气、土地，是它们生存的基础。在海洋环境遭受破坏的同时，海湾中海洋生物的生存也受到各种直接或间接的威胁。原油一旦附着在海鸟等生物的体表，其游泳、潜水、飞翔等能力便会丧失，容易被困在油污中；海豹、海龟、海象和鲸等，大多数动物一旦受困于浮油，几天甚至几小时内就会死亡。据美国《国家地理》杂志报道，截至 2010 年 6 月，在受污染海域的 656 类物种中，已有大约 28 万只海鸟，数千只海獭、斑海豹、白头海雕等动物死亡；而该海域的蓝鳍金枪鱼、棕颈鹭等 10 种动物将受到严重的生存威胁；蠵龟、西印度海牛和褐鹈鹕 3 种珍稀动物可能灭绝。从海洋环境被污染到海洋生物大量死亡，墨西哥湾的生态系统遭受重创（图 1-16）。

图 1-16 墨西哥湾原油泄漏事故中受影响的海鸟

（3）渔业资源遭受严重打击

墨西哥湾地区是美国海产品重要产地，2008 年捕捞产量达 5.77 亿 kg，价值 6.97 亿美元，其中价值最高的经济品种包括虾、鲱鱼、牡蛎和蓝蟹。溢油事故对墨西哥湾的渔业资源造成了重大而深远的影响。为了保证海产品的消费安全，美国海洋组织对部分受到油污染的海区采取了禁渔措施，包括部分虾、鲱鱼和牡蛎的高产区域。这些措施直接导致了重要经济物种渔获量下降。以捕虾业为例，墨西哥湾地区 2010 年虾的渔获量与 2009 年同期相比下降了 27%；路易斯安那州鲱鱼的渔获量同期下降了 17%；此外，路易斯安那州的牡蛎资源也受到严重影响。溢油污染造成了海产品供应减少和消费需求降低，致使海产品市场明显萎缩。一方面，禁渔措施致使渔获量下降，水产品加工业和批发业受到影响；另一方面，公众对墨西哥湾海产品的消费信任度降低。有调查报告显示，在溢油事故发生后，70% 的消费者对海产品的食品安全问题表现出不同程度的担忧，23% 的消费者表示将减少海产品消费，消费者对食品安全的担忧已经导致墨西哥湾甚至全美海产品市场需求量的下降(图 1-17)。

溢油事故发生后，泄漏的油污随着强风和潮汐漂浮至美国南部四个州的海岸，致使湿地和近海生态系统受到严重破坏。短期来看，油膜和油块将黏住大量鱼卵和幼鱼，导致幼鱼畸形甚至死亡；沉入海底的石油颗粒和衍生物质也将对珊瑚等底栖生物造成威胁。长期来看，溶解到海洋水体中的有毒物质可能导致海洋生物滞长及生殖能力下降，

图 1-17　墨西哥湾鱼类大量死亡

对未来几年内生物种群的增长和丰度都会造成较大影响。

(4)经济受损，民众反应强烈

事件发生后，占墨西哥湾经济总量一半以上的石油产业损失重大：从颁布禁令开始到当年 6 月底，美国浅水石油开采已损失了 1.35 亿美元；受漏油影响，美国海洋和大气管理部门将墨西哥湾美国专属经济区内的禁渔水域扩大至 22.8 万 km^2，占该区域面积的 37%，其海产品总量占美国海产品市场总量的 20%，使得墨西哥湾渔业受到沉重打击。墨西哥湾是度假胜地，沿岸的佛罗里达州旅游业年产值达 600 亿美元，每年吸引游客达 8 000 万人次，有 21% 的销售税和 100 万人就业依赖旅游业，但溢油事件让很多游客望而却步；此外，溢油事件还影响到墨西哥湾沿岸的航运业等一系列产业。

事故后，盖洛普民调显示，美国八成民众认为政府对漏油事故的处理非常糟糕，超过一半的民众认为政府处置不当；美国有线电视新闻网的调查同样显示，一半以上的民众对政府的处理方式感到不满。同时，大批的美国民众走上街头，

对英国石油公司(BP公司)或美国政府等发起抗议。一批美国民众还聚集在公司驻华盛顿的政府事务办公室前抗议政府救援不力。

3)应急处置

为避免浮油漂至美国海岸,救灾人员立即着手烧油试验。救灾人员把数千升泄漏原油圈在栏栅内,并移至远离海岸的海域,以"可控方式"点燃。

当地时间2010年4月28日,浮油"触角"已伸至距路易斯安那州海岸37 km的海域。美国国家海洋和大气管理局专家查理·亨利预计,浮油可能于30日晚漂移至密西西比河三角洲地区。路易斯安那州州长博比·金德尔呼吁联邦政府提供更多援助。金德尔说,路易斯安那州一处沿海野生动物保护区或将首当其冲,受到浮油破坏。路易斯安那州、密西西比州、佛罗里达州和亚拉巴马州已在海岸附近设置数万米充气式栏栅,围成一道防线,防御浮油"进犯"(图1-18)。

图1-18 墨西哥湾原油泄漏事故抢救现场

事故应急反应小组通过与政府内外的野生动物专家紧密合作,提升应急反应能力,尽可能地保护野生动物及其敏感栖息地,最大限度地减少溢油事件对野生动物的影响。通常较好的做法是安排专业人员对当地敏感的物种及栖息地进行观察,以便更好地保护和拯救野生动物。应急救援小组主要采取的措施包括:将野生动物专家的人数扩大至原来的4倍;通过新系统加速对所需物资的调度和支持;在各类广告和BP公司的官方网站中设置公众救治野生动物热线呼叫中心,对提出的救治在1 h内做出回应;建立动物栖息地来收纳一些动物;建立一些专用设施来保护敏感地区等(图1-19)。

图 1-19　美国海岸警卫队清除浮油

此次漏油事故对从路易斯安那州到佛罗里达州的很多渔民和其他船只的船东都造成了影响，他们中的很多人申请参与救援工作。面对这一需求，应急反应小组及时整合资源并将他们纳入溢油处理队伍中，形成了"机遇之船"的工作模式。应急反应小组在"机遇之船"计划中投入了巨大的努力并受益良多，具体包括以下两个方面。

一方面，"机遇之船"计划中共计包含 5 800 艘船舶，雇用了当地的海员并提供给他们一些相关设备让他们来参与海岸线的保护；应急反应小组充分整合了"机遇之船"的资源，扩大了后勤运输补给的范围和能力，并通过他们来支持布放围油栏和撇油器作业，组织收集稠油并将其燃烧。应急反应小组还经常根据船东对当地海岸地区的熟悉程度，预测和观察溢油在敏感海岸的流动状况；应用系统性的方法来进行选择、观察、培训、开发、标记及装备以满足职业安全卫生管理局（OSHA）和其他监管部门的要求。

另一方面，"机遇之船"计划作为未来应急反应系统中富有潜力的部分，主要体现在这些训练有素、经验丰富的船队已被证明可以迅速部署在事故发生区，以保护当地的海岸线；形成了基本的框架组成和规章制度，包括：招募、审核、分类排序、标记、培训和监管要求；让受溢油影响的沿岸居民既能参与到保卫家园的工作中，又可以为他们提供临时的就业机会。

4）事后调查

墨西哥湾漏油事故造成 1 500 m 深海的原油泄漏，是历史上首次发生在超过500 m 以上深海的原油泄漏。与海面航行的大油轮漏油相比，其危害性更大、更隐蔽。

首先，由于海面与深海底的压力、温度有很大不同，在大量原油喷涌并向上漂浮的过程中，呈现一种"羽毛"状逐步分散的形态，即在海底从一个漏油口喷出(像羽毛的根)，在上升过程中逐渐变成羽毛状升至海面，就像一个伞面盖在上面，并且会以油团或油、水、气的混合物的形式在海底、海水中和海面上流动、凝固或分散漂浮。当遇到洋流时，这些油水混合物就会随着深层洋流漂动，不仅可能漂出墨西哥湾，还可能漂向世界其他大洋，而在海面上却什么也看不见。

其次，由于生活在海水不同层面的海洋生物各自的生存环境不同，彼此既独立又互相为食物链，某一层的海洋生物死亡，将会造成食物链上层的许多生物难以生存。此次深海漏油可能直接破坏墨西哥湾海水不同层次的生物和鱼类的生存环境，无数海洋生物将因此遭到扼杀。

除此之外，许多还无法检测的破坏、影响可能会在若干年以后才会显现出来，这就如同人类对温室气体的理解过程一样。1989年阿拉斯加发生的油轮泄漏事故造成的海洋生态破坏至今没有完全恢复就是一个例证。

美国拥有雄厚的科技和经济实力，但在面对海上原油泄漏这样危及全人类海洋安全的巨大全球公共问题时，依然如此无力、无助和无奈。

这次事故无疑向人们发出了警示，同时也提出了一系列问题：第一，尽管时任美国总统的奥巴马称原油泄漏是"一场史无前例的灾难"，是国家级的重大事件，但最终结果也只能是谁惹事谁管事；第二，石油公司将油井从陆地钻到海洋，并向深海延伸的进程反映了石油资源的紧缺和开采的复杂性。原油泄漏事故不断增加且后果日益严重，彰显了"石油最后的疯狂"。

经过长达4天的协商和谈判，2010年6月16日，美国政府宣布，BP公司将创建一笔200亿美元的基金，专门用于赔偿漏油事件的受害者。这笔基金将由美国资深律师负责运作，由3位法官组成的小组负责监督，并处理对申诉的裁决。

6月29日，美国同意英国BP公司支付创纪录的40亿美元罚款，这相当于美国埃克森公司所支付的2500万美元罚款的160倍，并终止对BP公司因美国墨西哥湾漏油事故所受刑事犯罪调查。

1.5.4　蓬莱19-3泄漏事故

1) 事故概况

2011年6月4日，国家海洋局北海分局接到康菲石油中国有限公司(以下简称"康菲公司")报告，蓬莱 19-3 油田 B 平台东北方向海面发现不明来源的少量油膜。6 月 8 日，康菲公司再次报告，在 B 平台东北方向附近海底发现溢油点。6 月 17 日，国家海洋局北海分局接到在蓬莱 19-3 油田巡视的海监 22 船报告：C 平台及其附近海域发现大量溢油。随后康菲公司报告，蓬莱 19-3 油田 C 平台 C20 井在钻井作业中发生小型井涌事故。

　　溢油事故发生后，国家海洋局领导高度重视，多次召集会议进行研究部署并赶赴现场检查指导应急工作。国家海洋局组织专家分析此次溢油事故，经认定，蓬莱 19-3 油田通过注水和岩屑回注，可能增加了平台附近的地层压力，为流体联通地层提供了能量，导致 B 平台海底溢油，B 平台这种海底溢油类型在当时尚属国内第一次发现。蓬莱 19-3C 平台在钻井过程中发生井涌、侧漏，从而导致了溢油发生(图 1-20)。

图 1-20　蓬莱 19-3 油田溢油事故现场

2) 事故危害

　　本次溢油单日最大分布面积达到 158 km²，蓬莱 19-3 油田附近海域海水石油类平均浓度超过历史背景值 40.5 倍，最高浓度达到历史背景值的 86.4 倍。长岛县位于漏油点东 60 km 处，渔业是其主要产业。在长岛县调查发现，溢油事故虽然还没有给当地养殖业带来明显影响，但当地群众仍对油污将来可能会影响当地渔业及旅游业表示担忧。

3) 事故原因

　　蓬莱 19-3 油田溢油事故联合调查组对事故原因、性质及责任进行了深入细致的调查分析，初步认为，从油田地质方面来看，造成此次溢油事故的原因：

一是由于作业者(即康菲公司)回注增压作业不正确,注采比失调,破坏了地层和断层的稳定性,使其形成窜流通道,因此发生海底溢油。二是 B 平台作业中没有执行总体开发方案规定的分层注水开发要求,B23 井长期笼统注水,无法发现和控制与采油井不联通的注水层产生的超压,造成与之接触的断层失稳,发生沿断层的向上窜流,这是 B 平台附近海域发生溢油事故的直接原因。此外,B23 井注水出现异常,理应立即停注排查,却未果断停注,造成溢油量增加。三是 C 平台作业时未进行安全性论证,擅自将注入层上提至接近油层底部,造成 C20 井在钻井过程中接近该层位时遇到高压发生井涌。同时违反了经核准的环境影响报告书要求,C20 井表层套管过浅,发生井涌时表层套管下部底层承压过高,造成原油及钻井泥浆混合物侧漏到海底泥沙层,导致 C 平台附近海底溢油。

1.5.5 大连新港"7·16"爆炸事故

1)事故概况

2010 年 7 月 16 日,即事故当天,新加坡太平洋石油公司所属 30 万 t"宇宙宝石"油轮在向国际储运公司原油罐区卸送最终属于中油燃料油股份有限公司(中国石油控股的下属子公司)的原油;中油燃料油股份有限公司委托天津辉盛达石化技术有限公司(以下简称"辉盛达公司")负责加入原油脱硫剂作业,辉盛达公司安排上海祥诚商品检验技术服务有限公司大连分公司(以下简称"祥诚公司")在国际储运公司原油罐区输油管道进行现场作业。

事故发生的前一天,即 7 月 15 日 15 时 30 分左右,"宇宙宝石"油轮开始向国际储运公司原油罐区卸油,卸油作业在两条输油管道同时进行。20 时左右,祥诚公司和辉盛达公司作业人员通过原油罐区内一条输油管道(内径 0.9 m)上的排空阀,向输油管道中注入脱硫剂。7 月 16 日 13 时左右,油轮暂停卸油作业,但注入脱硫剂的作业没有停止。18 时左右,在注入了 88 m³ 脱硫剂后,现场作业人员加水对脱硫剂管路和泵进行冲洗。18 时 8 分,靠近脱硫剂注入部位的输油管道突然发生爆炸,引发火灾,造成部分输油管道、附近储罐阀门、输油泵房和电力系统损坏,大量原油泄漏。事故导致储罐阀门无法及时关闭,火灾不断扩大;原油顺地下管沟流淌,形成地面流淌火,火势蔓延;103 号罐和周边泵房及港区主要输油管道严重损坏,部分原油流入附近海域(图 1-21)。

图1-21 大连新港"7·16"爆炸事故溢油现场

2) 事故危害

此次事故是大连史上，同时也是我国史上最严重的海洋溢油事故之一。根据官方通报，此次溢油量约为 1 500 t，造成 430 km² 的海面污染，其中 12 km² 为重度污染海域，一般污染海域为 52 km²。溢油随着风向、潮流漂移扩散，从金石滩至旅顺都有油污分布，主要集中在大连湾、大窑湾、小窑湾和金石滩附近海域。大连作为辽宁经济的增长极，对环渤海蓝色海洋经济圈有强劲的推动力，靠海发展是大连人民的生计。纵观大连沿海产业布局，大连新港"7·16"爆炸事故对海洋渔业、滨海旅游业、海盐业、沿岸食品加工等沿海产业造成直接经济损失。

此次溢油事故发生时正处于大连休渔期(6月1日至9月1日)，2010年8月3日获取的卫星图片显示，大连海上油污已经清除完毕且没有流入公海，对近海捕捞业影响不大。但大连湾、大窑湾、小窑湾及金石滩周边海域的浮筏养殖、网箱养殖、滩涂养殖、底播养殖均遭受严重的经济损失。

这次泄漏的石油对大连海域附近的生态环境造成了严重的影响，包括物理作用、化学毒性以及对生态环境的破坏。2010年7月，绿色和平组织工作人员到达大连海滨进行环境影响评估发现，事故对于大连湾的海水质量、生态系统和海洋生物产生了很大威胁，并会影响到当地的渔业、旅游业和附近居民的生活。溢油污染从两个方面影响水质生态环境：一是油膜阻挡光线，阻挡了海气的交换，影响海洋植物正常的光合作用和海洋生物的呼吸，危及整个海洋生物食物链；二是海面以下的油团变成重油后，会沉降在海底，危及海底生态环境。而溶解在水里的石油对海洋生物有一定的毒性，并且随着在食物链中的积累，通过海产品危及人类的健康。

从溢油污染造成的损失来看，滨海旅游业是海洋溢油事故首当其冲的遭受经济损失对象，受到冲击范围最广。外国游客知晓事故信息后，溢油次年较当年旅游外汇收入损失更严重。此外，海洋渔业也无法逃避油污损失，海水浮筏养殖、网箱养殖、滩涂养殖、底播养殖等受到污染，海产品死亡量巨大。沿海食品加工企业、海盐生产等海水利用加工业也不同程度地受到成本费用增加、产量减少的影响（图 1-22 和图 1-23）。

图 1-22　大连新港"7·16"爆炸事故海面形成油膜　　　图 1-23　受溢油污染的近岸水体

3）应急处置

事故发生后，在国务院的正确领导下，大连市政府、消防、海洋、海事、渔政、石油公司等各部门，迅速调集力量应对大连新港海域的原油污染事故。涉海部门共组织出动专业清污船舶 40 余艘、渔船千余艘、社会人员 4.5 万人次，对大连新港海域泄漏原油进行清污工作。截至 2010 年 7 月 27 日，基本完成了"决不让原油进入公海与渤海"的目标，同时清除了包括海上污染源在内的各个污染源，海上原油基本清除，取得了阶段性的成果。

在此次事故处置过程中，海洋部门主要承担指导污染处置行动、监测评估污染程度和发布污染信息三项职责。大连市海洋与渔业局还承担组织渔船进行海上油污的清理工作。针对此次重大原油泄漏事件，根据国务院的指示，国家海洋局于 2010 年 7 月 17 日凌晨责成北海分局紧急启动应急机制，迅速成立了由北海分局牵头的海上溢油应急指挥部，制定了海上溢油应急方案。应急指挥部以北海分局为牵头单位，联合辽宁海事局、国家海洋环境监测中心、中国石油总公司及下属各涉海单位对大连新港海域泄漏原油进行清污工作，由应急指挥部进行统一指导和协调。

原油泄漏事故发生后，国家海洋局大连海洋环境监测中心站连夜进行了取样监测，此后海洋环境监测船每小时向应急指挥部提供最新的海水样本，对污染海域进行实时监测。国家海洋局北海分局技术人员结合洋流、风向等因素对未来海水的流向、流速做出预测，并对海上泄漏原油未来污染情况进行评估，划定了原油处置的主要区域和最大布防区域，在污染处置行动中发挥了至关重要的作用，后来的事实证明了该预测的科学性。

在原油污染事故处置过程中，由国家海洋局北海分局牵头，联合协调各相关单位，通过卫星遥感、航空遥感、船舶监视和陆岸巡视等手段，对海上溢油进行监视和漂移预测，迅速判断污染海域、污染状况，并综合各方面的信息，为各级指挥部的决策提供信息支持。

第 2 章　海上沉潜油概述

2.1　海上沉潜油的概念

当溢油事故发生后，部分溢油形成油膜漂浮在海面上，部分溢油经过风化和水动力等多重因素作用而沉潜，形成沉潜油。可以说，沉潜油是对溢油发生后油品在水体中存在形态的一个相对新颖的定义。目前，沉潜油在国内尚无统一的说法或定义，国际上相关的研究多根据油类在水体中的形态进行描述。国际海事组织文件中曾使用"沉底油和半潜油"（Sunken and Submerged Oil，SSO）来描述沉潜油。事实上，沉底油和半潜油只是溢油在水体环境中存在的两种不同形态，且在合适的环境条件下可以相互转化，本书中统称沉潜油。根据不同水环境条件下油体存在形态的差异，将其划分为半潜油和沉底油。

（1）半潜油

溢油事故发生后，因油品特性及水域环境的差异，部分油体接近或略低于中等浮力条件，因此可以间歇性地淹没在水平面以下。这部分油类在水体中呈悬浮状态，包括部分溶解在水体中的油、在适宜条件下发生分散的油，以及在水体中由悬浮颗粒物相互作用结合后共同悬浮的油。

（2）沉底油

部分油类在适宜的内外条件下具备负浮力，因此可以沉降到海洋的底层。这部分油类的形成过程相对多样且复杂，包含了部分因油品自身密度大于所在水体密度而发生自然沉降的油；在自然的溢油风化过程中，低密度的油自身密度增大，从而具备沉降条件而发生沉降的油；以及在适宜条件下，油与水体中存在的颗粒物发生相互作用后，部分聚合物因自身密度大于水体，具备负浮力条件，从而发生沉降的油等。

通常只有极少数的油品具有比海水高的密度，如一些裂化程度高的泥装油或者炭黑原料，这些油在海中发生泄漏后能下沉至海底。还有一些油的密度大于 1.025 g/mL，在海水中能下沉，这些油大部分是淤浆油。其他大部分的油密度接近或者低于发生溢油的水体密度，这些溢油最初会漂浮在海面上，在海况平静的条件下将在水中低浮；在不平静的海况下，则会通过波浪的作用而半潜。低黏度的溢油很容易被波浪分散形成小的油滴，但是如果溢油的黏度高同时具有高密度，则容易被分解为相对大的"油斑"或者"油片"，这些油污通过波浪的作用下潜，之后将缓慢地返回海面，这种油污大多数都悬浮在海面以下。

海上石油泄漏事故通常发生在沿海地区和恶劣天气条件下，在湍流条件海面（波浪作用）通过机械分散会导致浮油分解成小油滴。石油在水面常以油膜的形式存在，而在水下则由于天然或人力排放的表面活性剂以及油水之间的相互作用，主要以乳化油的形式存在。油表面和海水接触面积的增大相应会导致其他风化和运输过程的增多，包括溶解、生物降解、悬浮颗粒物（Suspended Particulate Matters，SPM）的吸附过程。这些油滴会分散到海里，沉积到海底也可能会严重损害海洋底栖生态系统。除了海上溢油外，船舶装载水也是导致溢油转移和运输的一个不可忽略的因素。石油溢入海洋之后，在海洋特有的环境条件下有着复杂的物理、化学和生物变化过程，并通过这些变化过程最终从海洋环境中消失。这些变化过程包括扩散、漂移、蒸发、分散、乳化、光化学氧化分解、沉积和生物降解。

近年来渤海周边并没有发生溢油事故，却还是发生多起不明来源油块污染岸线的事件，这可能来源于以往事故中溢油沉潜后重新上浮并搁浅上岸。溢油事故溢出的油并不总是漂浮的，在合适的条件下由于其自身性质和所处的水环境条件不同将半潜或者沉底。溢油可附着在水体中的 SPM 上形成油-泥絮凝体（Oil-Suspended Aggregation，OSA），导致其密度增加，从而发生沉底。近岸水体是溢油事故的频发区域，高浊度等因素均增大了溢油发生沉潜的风险。通常认为，颗粒物含量高且水动力较大的区域溢油沉底是发生沉潜的主要过程。SPM 是水、沉积物以及食物链中各种成分运输、循环和迁移的重要载体。在海洋环境（包括河口湾）中，大多数 SPM 以絮状物的形式出现。絮凝可以改变 SPM 的粒径、密度和沉降速度，从而影响与之相关的海洋效应和过程，最终影响河口和沿海地区的地貌演变与生态环境。对于那些不能轻易监测到的沉潜油，目前并没有办法清除，但是任由其沉在海底会给底栖生态系统带来灾难。近年来，渤海海域发生多起不明沉潜油上浮事件，给沿海地区带来很大的环境问题和经济损失。

因此，目前迫切需要人们了解沉潜油的来源及其形成方式，以便改进对沉潜油的污染防治。研究沉潜油的形成机制及其行为归宿等问题，一方面有助于沉潜油的溯源研究；另一方面也可为监管部门预警防范和控制污染事故损害提供科学依据，具有重要的科学价值。同时，沉潜油扩散的预测对于溢油应急响应措施的成功实施至关重要，可以最大限度地减少环境损害。

2.2 影响沉潜油形成的主要因素

对于大部分密度接近或小于海水的溢油来说，颗粒物的吸附作用在溢油沉潜过程中扮演着重要的角色。在 SPM 丰富的沿海地区发生石油泄漏后，石油和 SPM 之间的聚集自然形成。颗粒物在波浪作用下通过与溢油的相互作用形成 OSA，导致溢油密度增大，从而沉入海底或半潜于海中。在海洋石油泄漏期间，事故的大部分预测和规划过程都是通过计算机模拟进行的，因为现场和实验室试验既昂贵又困难。在海面或海面附近发生溢油后，油会受到海浪和湍流的影响，导致浮油破碎成水滴并分散到水柱中。根据海洋湍流，这些油滴进入水柱不同的深度。在此过程中以及在油滴最终上升到海面的过程中，它们经历连续的液滴破碎和聚结，直至达到稳定或准稳定，也可能搁浅在岸边的溢油黏附着泥沙，然后又返回海里下沉。油和颗粒物相互作用而形成的聚集体取决于含水介质中的油状态（即溶解、乳化、漂浮）、所涉及的颗粒物的大小和类型（即胶体、生物、颗粒物、有机物、无机物）、油-颗粒物相互作用机制以及聚集体的沉降速率。基于以上因素油-颗粒物聚集体一般分为以下三类：通过分散的油滴和悬浮的胶体颗粒而形成的聚集体；油和悬浮颗粒无机与有机物质结合形成的聚集体；油和粒状颗粒物聚集体，在浮油上直接施加颗粒而形成的聚集体。

2.3 沉潜油的危害

通常情况下，沉潜油在海面上不可见，常规清除手段，如设置围油栏、使用吸油毡及组织清污船作业等，都收效甚微，因此可造成极大的环境破坏和经济损失。溢油的自然沉潜行为主要有三种途径：油品密度大于水体密度而直接沉潜、风化一段时间后沉潜、与水体悬浮颗粒物相互作用后沉潜。到目前为止，虽然学界进行了一些沉潜油的相关研究，但其形成和行为归宿还尚未完全清楚。因此，开展沉潜油形成机理研究，掌握其形成规律和行为动态，可从源头上监管并预警防范沉潜油事件的发生，从而有效降低污染事故造成的环境损害和社会影响。

（1）对生物的影响

石油进入海洋后，经太阳辐射进入海水中的能量因受到水中油膜的影响而减少，使得海洋中的植物光合作用减弱。而部分石油分散进入水体后，悬浮在海水中，或者与海水中的各种颗粒物相互作用发生凝聚，形成凝聚体。这部分半潜油，由于石油本身存在脂溶性，所以当其接触到海洋动物时，会使动物的羽毛及毛发黏连在一起，从而失去其原有的功能。最终，动物们正常的移动能力如飞翔、游行以及保持体温的功能将完全丧失。另外，由于不同的石油特性不同，部分石油本身就可能发生沉降，或者与水中颗粒物相互作用后具备负浮力而发生沉降，这些成分可能沉降到海洋底层，形成沉底油。沉底油在海浪的波动作用下会混合在海底的泥沙中，或者在适宜的条件下再上浮，但都有可能黏附在底栖海洋生物体表，或者被底栖海洋生物摄入体内。无论是水体中悬浮的半潜油油滴还是海洋底层的沉底油油滴，一旦被海洋中的动物黏附而进入其体内或残留在体表，再被高营养级的生物捕食，从而在生物体内富集，并且沿食物链和食物网逐级放大，最终可能进入人体，对人体的内脏组织及器官产生毒害，影响正常的人体机能。通常情况下，由于石油种类繁多并且组成成分较为复杂，故对海洋生物产生的生化毒性也存在着较大的差异。一般来说，经过冶炼和加工的石油毒性要强于原油，分子质量较小的烃的毒性强于分子质量大的烃。石油烃的种类繁多，多数情况下芳香烃的毒性最强，其次是烯烃、环烃，链烃由于结构相对简单，故毒性最小。石油烃对海洋生物的危害，从细胞层面上来说，主要是通过改变生物细胞膜的通透性或者正常的结构，从而影响细胞与外界环境的物质交换过程。在细胞内部，烃类物质则是通过破坏生物酶影响正常的细胞反应，进而影响生物体的正常生理、生化过程。靠近海水表层的半潜油通过影响太阳辐射的强度使海洋植物的光合作用强度降低，进而削弱生物体的生理机能，影响其正常的发育、繁殖行为；油污还能使一些动物产生病变器以致癌变。

(2) 对环境的影响

总的来说，沉潜油是通过影响大气圈和水圈中的元素与离子的交换和转化，从而改变海洋和近海面的大气环境。当溢油进入水体后通过扩散、溶解等作用在水界面和空气界面之间会形成一层油膜。油膜的存在首先阻碍了海洋对光的吸收、传递及反射，影响了海洋内部的光环境，从而改变了海洋植物的光合作用并最终影响溶解氧含量。油膜在波浪作用下发生不同程度的破裂，部分溢油在适宜条件下单独悬浮在水体中，或与水中的悬浮颗粒物结合后共同悬浮在水体中，这在一定程度上影响了污染物质在水和空气之间的迁移与转化过程，加重了污染。而另一部分沉潜油沉降到海洋底层，扰乱了底层海洋生态系统的平衡，这表现在一部分沉潜油的生物毒性使得底栖生物死亡，同时，无论哪种形态的沉潜油，其在降解的过程中都要消耗一部分溶解氧，氧含量降低则引发水中好氧生物大量死亡，而厌氧生物则大量繁殖。水体中微生物分解动植物遗体的过程进一步降低了溶解氧的浓度。生物好氧和厌氧过程的变化很大程度上打破了海水环境的二氧化碳与氧气的平衡，此时由于二氧化碳的吸收和分散机制改变，碳酸盐及碳酸氢盐的含量上升，海水的酸度增强。海水 pH 的变化以及厌氧生物的大量存在使赤潮发生的概率增加，进一步危害海洋环境。

若溢油事故发生在两极地区，沉潜油覆盖在冰层之上，使得冰层与较冷的大气之间的温度交换受到阻碍。冰层自身的散热作用减弱，同时油类物质吸收太阳光中的电磁辐射能力更强，也使得冰层的温度上升，最终将加速冰面的融化过程。过多被消解的淡水进入海洋，可能影响海洋的 pH，同时可能使海平面上升，进而加速沿海地区的海水入侵和海水倒灌，土地盐碱化程度增高，海产品养殖业以及近海的农业生产也受到一定的影响。海洋溢油事故具有突发性和偶然性，通常情况下由于其泄漏量难以具体估计，对于泄漏区域的海洋环境会造成巨大的危害，故被称为海洋污染的"超级杀手"。

第3章 现有溢油污染防治技术

当溢油进入海洋环境中，消除其污染仅依靠海洋自身的清洁作用需要经过漫长的岁月，且溢油的数量大于海洋环境的承受能力，因此需要人为干预。一般而言，处理海洋溢油的方法主要有三种，即物理法、化学法和生物法。图 3-1 是海上溢油事故常用处理方法。

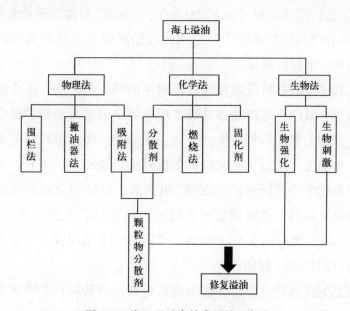

图 3-1 海上溢油事故常用处理方法

3.1 物理防治技术

物理法的原理是提供一个屏障阻止溢油扩散或是将溢油吸附回收而不改变溢油的性质。物理法包括围栏法、撇油器法、吸附法等。

围栏法常用于阻止溢油扩散，从而提高溢油回收的效率。机械围油栏由浮体、垂帘、重物三部分构成，浮体浮于水面防止浮油越过，垂帘形成围栏，重物使垂帘保持垂直从而防止油从下面溢出。围油栏是阻止溢油扩散的预防措施，但是在大风等恶劣天气状况下使用效果甚微，而且如果不迅速进行下一步处理很容易发生爆炸着火的危险；围油栏主要阻止溢油在海面扩散，之后再设法进行回收。

撇油器法常与围栏法联合使用。影响撇油器有效利用的因素有溢油的类型、厚度以及水面上溢油的数量和天气条件。一般而言，在平静的海面上，撇油器法是有效的。

撇油器和油回收船是回收溢油的主要设备。撇油器根据不同的操作方式、特点和溢油环境，可分为堰式撇油器、表面亲油性撇油器、感应型撇油器及其他类型如桶式、水车式、网形撇油器等。油回收船是利用油水密度差，用泵在油水界面处吸油来回收浮油。国外已研制出的溢油回收船如德国的"V"形双体船"Bottsand"号，它的浮油收集力为 1 200 m/h；"北海"号溢油回收作业船带"清扫臂"，具有油水分离和储油功能，但是油回收船同样也会受到天气状况的影响与限制，一般适用于平静的海域。

吸附法是利用吸油材料吸附和吸收海面浮油的一种方法，疏水吸附剂对于控制溢油的扩散是有效的，是撇油器处理之后对剩余油进行清除的最后一步。吸附剂促进石油由液相向半固体相转换，从而去除溢油。吸油材料一般由聚苯乙烯等高分子材料、硅藻土、浮石、珍珠岩等无机材料以及稻草、麦秆、草灰、芦苇等纤维组成。日本化学公司研制的"ASSW"吸油剂，以稻壳为原料制成活性炭吸附原油，撒在海面上后每千克吸油剂可吸收 6.8 kg 原油；此外，美国发明的"羽毛枕头"能在 15 min 内吸收约 3.5 kg 原油，德国科学家采用橡胶为原料制成的敛油毡，每小时可以回收 50 t 原油。

天然吸附剂的优点是价廉，容易吸附且量高，但其缺点是吸附油的材料随水漂浮扩散而难以收集，必须及时清理；另外，颗粒物态的天然吸附剂不能去除漂浮在水表面的油膜，若被吸入则存在潜在的健康风险。人造吸附剂是应用最广泛的商业材料，包括聚丙烯、聚酯泡沫和聚苯乙烯。它们可以以片状铺于水表面或以粉末状撒入溢油区域，还可以作为围栏和撇油器的材料来吸附油。轻质的开孔聚氨酯泡沫可在水中吸附其自身重量 100 倍的油。由于人造吸附剂具有疏水和亲油的特点，可吸附油的质量达到其自身重量的 70~100 倍。但主要缺陷是不能被生物降解。目前，关于吸油材料的研究主要集中在吸油聚合物和非织造材料上，吸油材料可以用于使用围油栏困难的溢油地区，缺点是吸油量太少并且一般不能反复使用。

理想的吸附剂应只吸附油并完全排斥水，具备较高的孔隙度、较大的比表面积，以及良好的浮力性能。在应用方面，因为涉及油品回收，吸油材料的物理性能和化学性能应当保持稳定，经简单的处理过程后，能够多次回收利用并且吸收性能仍保持良好。当前阶段评判吸油材料性能或适用程度的标准主要有以下三项。

第一是吸油性能。应提高单位质量或体积材料吸附油品的质量或体积；减少材料完成饱和吸附所需要的时间，即提高吸附速率；加大材料的油类滞留能力，当材料在水中完成饱和吸附后，除非有足够时间回收，否则在环境影响下会使吸收油品再次释放，另外，在回收过程中，由于提拉、摇曳会使材料变形同样导致油外溢。

第二是水湿润性能。疏水性能的提高可以使材料避免受海洋环境的影响，提高材料在油水混合体系中的性能；为了提高漂浮油品的吸收效率，材料要求具备浮性，即便饱和吸附后仍然能够保持漂浮状态，方便回收。

第三是强度和耐受性能。在材料完成吸附待回收的时间内，材料的耐受性能很重要，在外部环境因素的作用下仍应保持初始强度，防止损坏影响性能或造成二次污染；为增强处置效率和提高材料性价比，多通过挤压、离心等方式重复使用材料，应提高材料强度以增加循环使用次数。

物理防治技术是溢油初期的首选方法，但受到操作条件、环境条件的限制，对乳化油的清除效果差。

3.2 化学防治技术

化学防治技术是在物理防治技术使用之后的深度处理，分为传统化学法和现代化学法。将溢油就地燃烧就是传统化学法，可以将溢油在短期内处理干净，且不需复杂装置，处理费用低。燃烧法是简单、快速处理溢油的方法，适用于平静的天气状况，尤其对轻质油品进行燃烧不会对海洋生物产生严重危害。但使用燃烧法存在两方面的问题：一是可能引起二次火灾，二是燃烧副产品对人类和环境有风险。表3-1是溢油原位燃烧后排放的主要物质清单。燃烧排放的物质主要以 CO_2 为主，还伴有悬浮颗粒物及 CO 等其他化合物的释放。其中多环芳烃(Polycyclic Aromatic Hydrocarbons, PAHs)作为一类持久性污染物(致畸、致癌、致突变)，释放到大气环境中可持久存在并较难被去除。

表 3-1 溢油原位燃烧后排放的主要物质清单

成分	排放量/(kg/kg)
二氧化碳(CO_2)	3.00
悬浮颗粒物	0.05~0.20
一氧化碳(CO)	0.02~0.05

成分	排放量/(kg/kg)
氮氧化物(NO_x)	0.001
挥发性有机物(VOCs)	0.005
多环芳烃(PAHs)	0.000 04

注：kg/kg 表示燃烧 1 kg 溢油所释放物质的千克数。

现代化学法是用化学处理剂改变油在海水中的存在形式之后并使其消除，包括凝油剂、集油剂、溢油分散剂等。凝油剂的原理是增大油水界面张力，使溢油凝结成果冻状的油块后回收。凝油剂工艺复杂且凝油效果差，难以在实际中得到有效应用。凝油剂的作用是使溢油变成凝固的胶凝状，而集油剂是在不胶凝的情况下将溢油聚集起来。目前，国外主要的集油剂产品有丙烯酸胺系列、聚丙烯酸胺系列及木素磺化盐等，我国正在使用的集油剂主要是国产 QS 系列，由 N，N-二烷基胺表面活性剂配制而成。集油剂的作用原理是改变空气-油-水三相界面张力平衡，将溢油聚集后再进行回收，相当于一种化学围栏，通常用作物理围油栏之前的辅助设施。

固化剂是一种由干颗粒(疏水性聚合物)材料组成的可将液体状的溢油固定成固体橡胶状态，从而使溢油极易通过物理手段去除。溢油分散剂也称消油剂，在恶劣天气和海况下能够在短时间内处理大面积的溢油。溢油分散剂的使用历史已经有 30 多年，第一代消油剂是阴离子表面活性剂，毒性很大；第二代消油剂是非离子表面活性剂，成分由醚型变为酯型，降低了其毒性；目前的第三代主要是浓缩型消油剂，其有效成分是乳化剂和润湿剂，主要产品代表为 Corexit 9500、Corexit 9527。第三代消油剂的主要有效成分为表面活性剂，表面活性剂的亲水亲油基显著降低了油水界面张力，使得浮油被充分乳化，更有利于溢油的分散和后续的生物降解。消油剂的用量一般为溢油的 1% ~ 20%，在现场溢油清除中往往控制不好消油剂的用量，而且海水的温度、盐度以及溢油的黏度、倾点、风化程度都会影响其分散溢油的效果。一般情况下，当油的黏度超过 2 000 cST 时，消油剂就会失去作用，并且消油剂本身对海洋生物具有毒性，长期来看，可能带来比石油污染本身更大的危害，时间也更久远。因此赫尔辛基公约规定，波罗的海不允许使用消油剂，很多国家也规定在一些重要水源、海域及鱼虾贝类养殖场不得使用消油剂，同时对一些具有很强生物毒性的化学药剂喷洒浓度也做了限定。

溢油分散剂通常分为两大类：普通型溢油分散剂和浓缩型溢油分散剂。普通型溢油分散剂的表面活性剂含量为 10%~20%，溶剂含量为 80%~90%，溶剂主要是芳香烃含量低的烃类；浓缩型溢油分散剂的表面活性剂通常是无毒的脂肪酸或者梨糖醇，含量为 40%~50%，溶剂为非碳氢化合物，含量为 50%~60%。普通型溢油分散剂溶剂含量更高，溶解溢油的能力更强，适用于处理高黏度油和风化油；浓缩型溢油分散剂表面活性剂的含量更高且以水溶性为主，分散溢油能力更强，更适用于处理黏度相对较低的油。普通型溢油分散剂不可与水等混合使用，在喷洒的过程中要通过振荡等方式使其混合均匀以提高其总体的性能，分散剂与油的比率一般为 1∶1 至 1∶1.3；浓缩型溢油分散剂在使用时既可以与海水混合后使用，也可以直接喷洒，在使用过程中不需要混匀，添加比率与前者相似。

溢油分散剂可以使石油和水体更快地混合形成相对稳定的均相体系，油类物质的某些环境行为可以进行得更快，从而加速油的降解进程。溢油分散剂中的表面活性剂由亲油基团和亲水基团两部分构成。因此表面活性剂的分子在两个基团的帮助下，对油和水都产生了亲和力，使溢油分散成一个个水包油乳化粒子，降低了溢油与水之间的界面张力及溢油黏度。溢油分散剂通过亲油基团和亲水基团把油与水连接起来，加上机械搅拌混合和波浪的作用，在分子层面上，将溢油从聚集状态分散到油水乳化物的小分子状态，随着水体的自然运动扩散于水体之中，油水接触面积增大，油的其他环境行为得到强化，有利于水中油的消解过程。

使用溢油分散剂处理溢油污染有很多优点：①可以从水的表面除去油，使油膜无法重新形成，从而不去黏附船舶、礁石和海上建筑物。②加入分散剂后形成的乳状液是水包油型的，不形成"油包水"乳块，更有利于生物降解。③若在适当场合下首先使用，可减少烃类分子扩散，减少爆炸和火灾危险，降低分子量烃类从油的飞沫中溶解到水的连续相中，再随潮汐和水混合流动，经历物理、化学、生物变化而自然消失。

海上溢油事故一旦发生，仅靠自然环境下海洋的自净作用很难有效地消除污染，所以近年来，使用溢油分散剂是处理溢油污染的重要手段。1999 年，"Blue Master"商船在距得克萨斯州加尔维斯顿南 55 km 处与渔船发生碰撞，导致约 100 桶中级燃料油泄漏。此次事故使用了 7 003 加仑 Corexit 9500 溢油分散剂以消除溢油。"深水地平线"溢油响应期间，BP 公司应用了约 210 万加仑溢油分散剂 Corexit 9500 和 Corexit 9527，其中 140 万加仑溢油分散剂应用于海洋表面，70 万加仑溢油分散剂应用于井口。

随着溢油分散剂的广泛使用，人们逐渐意识到溢油分散剂本身具有生物毒性，一旦使用过量很容易造成二次污染，且影响其作用效果的因素有很多，所以使用溢油分散剂存在很大的不确定因素。因此，不同国家根据本国的经济、社会环境、地理位置等情况对分散剂的使用和管理制定出一套属于本国的办法。

我国的相关法律法规规定：在溢油发生或可能发生火灾、爆炸、危及人身安全或造成财产重大损失，用其他方法处理非常困难，而使用溢油分散剂对生态及社会经济的影响小于不使用的情况下，可以使用溢油分散剂。因此，当溢油已被强烈乳化形成含 50%（体积分数）以上水乳状液，或当溢油在环境温度下呈块状，或当溢油发生在对水产资源生存环境有重大影响的海域时，限制使用溢油分散剂。

此外，美国的环保法规要求浅水区或海滩上溢油分散剂的使用需要区域响应小组溢油分散剂（RRT）和现场协调员（OSC）的特别许可。在日本，要在机械清除无效和顺其自然会产生损害的情况下才会考虑使用溢油分散剂，在沿海及养殖场一般禁用溢油分散剂。英国是欧洲唯一允许频繁、广泛使用溢油分散剂的国家，因为英国附近海域波涛汹涌，海况复杂，难以机械回收溢油，他们主要是以飞机喷洒作为溢油应急首选手段，但过去几年，溢油分散剂使用也已经不多。在新西兰，溢油分散剂是第一应急阶段应当考虑的最重要方法，但要基于预先净环境收益分析，在区域规划敏感区和海岸，不允许使用溢油分散剂。

目前，国外对沉潜油研究的焦点多集中于油与沉积物相互作用而发生沉潜行为。尽管实验室模拟表明，油与沉积物相互作用而发生沉潜行为受到很多因素的影响，但有关溢油分散剂作用下的沉潜行为研究并不充分，经溢油分散剂分散的油（化学分散油）和沉积物之间的相互作用机制也尚未完善。

3.3 生物修复技术

物理法和化学法各有其局限性，物理法难以去除溶解油，化学法有可能带来二次污染，所以生物法近年来备受关注。生物法就是让一些特定微生物将石油当作其维持机体新陈代谢的营养物质，从而真正达到清除溢油的目的。

生物修复是指一切以利用海洋生物为主体的环境污染的治理技术。它包括利用海洋植物、海洋动物和海洋中的微生物吸收、降解、转化水体中的污染物，使污染物稳定，不易向周围环境扩散，同时使污染物的浓度降至可接受的水平，或将有毒有害的污染物转化为低毒无害的物质。海洋生物修复一般分为植物修复、动物修复和微生物修复三种类型。在生物修复当中，微生物修复是主要过程。目前，无论是对石油工业的产品抑或是对其他环境污染物，利用微生物修复受污环境(即由于其多样化的新陈代谢能力而发生的微生物解毒或移除污染物的过程)是一个不断发展的方法。因为微生物处理方法较之其他方法具有更好的经济效益、社会效益和环境效益，具有广阔的应用前景。特别是对物理处理方法无法清除的薄油层，同时又对化学处理方法的试剂应用有限制时，更显出其优越性。与化学、物理方法相比，生物修复对人和环境造成的影响小，不会造成二次污染，且修复费用低。现在已有不少国家，如美国、加拿大、日本和英国等都在有关海洋微生物降解石油烃方面积极地开展研究工作。

但是生物法受环境影响比较大，主要限制因素有以下五点。

(1)温度

温度的影响是多方面的。首先，温度影响溢油的一些理化性质，温度较高，溢油的黏度较低，加深了溢油在海水中的乳化程度，有利于生物降解；其次，温度直接影响石油烃降解菌的生长、繁殖和代谢过程。因此，在利用微生物法处理海洋溢油的时候，选择适应溢油污染海域温度的细菌，才能取得较好的降解效果。

(2)营养盐浓度

微生物在生存、成长及新陈代谢等生物活动中，有相当数量的元素是必不可少的，无论是其比例，还是其数量、形式都严重影响好氧菌的生长。根据相关文献的记载，这些必需的元素主要包括碳元素、氮元素、磷元素、钾元素、钠元素、硫元素、钙元素、镁元素、铁元素、锰元素、锌元素和铜元素等，针对厌氧菌，维持其生长所必需的微量元素包括镍元素以及适量的硫元素。众所周知，石油以及其他石化产品含有数量可观的能够被微生物利用的碳源，而海水和海滩中也存在相当量的微量元素，因此当将生物降解技术应用到海洋石油领域中时，氮元素和磷元素成为决定过程是否成功的最根本限制因子。根据以往经验，在实际营养盐浓度的配比中，一般认为：针对烃类的生物降解，当 $w(C):w(N):w(P)=100:10:1$ 时，可以得到最为合适和令人满意的结果；而当 $w(C):w(N):w(P)$ 的比例无法满足细菌代谢所需的比例时，营养盐就会限制细菌的代谢速度，从而很大程度上限制甚至制约污染物的降解速度和效率。

(3)pH

pH 对于微生物的生存和成长有相当大的影响，这种影响主要是通过以下两个方面表现出来：一是通过影响相关降解酶的生物活性，以及微生物细胞膜的通透性和生物稳定性，来影响生物对石油烃类的降解速率。某些会在其表面产生活性剂的微生物降解菌，其在发酵液中的表面活性剂的聚集形式受 pH 影响显著。pH 会一定程度地改变石油烃的分散和聚集状态，从而直接影响石油烃与降解菌的微观接触形式和状态，最终表现为影响微生物降解菌对石油烃的摄取。二是通过影响甚至改变微观环境中营养物质的可供给特性，以及有害物质对于降解菌的理化或生物毒性而影响相关微生物对石油烃类的降解速率。众所周知，不同的微生物对 pH 的要求不尽相同，尽管在一般条件下，大部分微生物能够维持生长，但是如若考虑最适宜的生长环境，所需要的 pH 在通常情况下是一个相对较小的范围。因此，微生物的环境适应性在一定程度上是通过对 pH 的适应范围的不同而表现出来。一般来说，微生物生长的最佳的 pH 值为 4~9。

（4）水温

生物化学的反应速度和温度总体上呈正相关关系，这是生物化学反应在一定的温度上限和下限之间所遵循的一个总体原则。酶参与微生物的分解过程，并且只有在一定的温度范围内才能充分发挥其活性。好氧细菌一般在 15~30℃ 之间能够达到较好的石油降解速率。另外，温度对于石油的生物修复过程也有相当大的影响，主要是改变石油的理化性质、降解酶活性、菌群结构来影响过程中的速度和效率。简而言之，若温度太低而导致油的黏度升高，则有毒的短链烷烃挥发性下降，这会导致水中溶解的烃类变少，进而延长生物降解的滞后期；相反，如果温度太高，则酶的活性下降，同样会延长生物降解的滞后期。

（5）氧气

好氧微生物与厌氧微生物都能对石油进行降解，但是在大多数情况下，好氧降解效果要好于厌氧降解。因此，在某些特定的环境下，氧气含量有可能成为限制生物降解的主要因素。

目前，对于在海洋溢油事故中应用生物及微生物方法进行污染防治，还存在一些局限性，使得此类方法的应用效果受到限制。

首先，由于石油污染物的组成结构复杂，从环境中通过筛选获得的石油降解菌株只能降解其中一种或几种组分，直接投入工程实际中，并不能获得预期的修复效果。为解决这个问题，可以通过改变富集条件筛选出可以降解不同碳源的高效降解菌株，按一定比例混合制成菌剂，从而应用到实际中。同时，也可以通过基因工程手段获得可以降解多种碳源的工程菌，但这样或许也存在一定的弊端，因为共存的微生物之间也可能具有竞争和拮抗作用。

另外，尽管大部分筛选出的石油烃降解菌在实验室的研究过程中表现出较好的降解性能，但当把它们投放到现场环境中时，由于缺乏对现场环境的适应能力，很多微生物并不能表现出预期的降解能力。因此，在自然环境中使这种微生物菌株真正起到作用需要进一步地研究与探讨。

第4章　国内外海上沉潜油污染
防治研究现状

　　海上沉潜油产生机理复杂，运动特性不同于海面溢油。由于监测手段有限，且有效回收设备缺乏，其污染的突发性和危害性超过通常的海面溢油，其已成为国内外研究的热点和难点问题。在许多重大溢油事故中，大部分沉潜行为是由于溢出的油品与水体中的悬浮颗粒物相互作用在近岸水域半潜或沉降形成的。目前，对于沉潜油的研究，主要以数值模拟技术与物理模拟试验技术相结合为主，数值模拟技术是通过计算机三维模拟，分析计算沉潜油的形成及运动轨迹；物理模拟试验技术主要是通过室内或室外试验方式，模拟现实情况下的沉潜油迁移运动及污染机理。其中，物理模拟试验技术又包括大规模现场试验、中尺度波浪水槽试验以及小型实验室锥形瓶试验。而这三种尺度的试验研究各有优缺点。其中，小型实验室锥形瓶试验周期短，准确性较高，操作相对简单，可重复性较强，但由于其试验规模较小，难以模拟真实的海洋环境条件，故实用性存在差异。中尺度波浪水槽试验有较好的稳定性和可重复性，变量控制相对容易，同时可以模拟真实的海洋环境条件，但是其成本相对较高，且不同形状和规模的试验装置产生的试验条件差异显著。大规模现场试验可以模拟真实的海洋环境条件，可信度更高，适用性更强，但同时成本也更高，且由于试验现场环境因素复杂多变，故变量控制相对困难，且可重复性不强。

4.1　沉潜油数值模拟研究现状

1）水动力学与模型发展历程

　　沉潜油的数值模拟技术以水动力学模型为基础。水动力学作为一门重要的学科诞生于18世纪初。一开始人们把流体视为无黏性的理想流体，通过牛顿第二运动定律推导出了理想流体的运动方程，后来爱尔兰数学家乔治·斯托克斯（George Stokes）和法国工程师克劳德·纳维（Claude Navier）加入了黏性力的作用，分别在1845年与1821年推导出了黏性不可压缩流的动量守恒方程。Reynold 于 1883 年通过试验发现流体有层流与紊流两种状态。普兰德尔(Prandtl)于 1904 年提出了边界层的概念，这象征着水动力学步入了新的阶段。

随着计算机硬件的发展，CFD 也慢慢兴起，发展至今，计算能力已经有了质的突破，将超级计算机应用于 CFD 也已经实现。

在计算机还未普及之前，水动力模型主要是指基于相似率的物理模型，现在的水动力模型多指数学模型。水动力模型数值计算有很多种方法，大致包括有限体积法(FVM)、边界元法(BEM)、有限差分法(FDM)、有限分析法(FAM)、有限元法(FEM)、特征线法(MOC)等。而目前国际上基本采用三维模型模拟洋流运动，其中包括历史悠久的 POM，即普林斯顿海洋模型；在 POM 的基础上衍生而来的 ECOM 模型；由麻省理工学院研究团队开发的 FVCOM 模型等。目前应用比较多的四种溢油基础模型如下。

(1)溢油扩展模型

溢油扩展行为是指油膜受到自身作用力导致面积扩大的过程。早期，溢油扩展过程主要通过油膜直径来描述，忽略风化作用的影响。Blokker(1964)从油膜质量守恒出发，提出重力作用下油膜扩展的圆形模型，得出油膜直径表达式，但他只考虑了重力和溢油体积的影响。随着早期溢油研究理论的不断完善，模型逐步考虑了风的影响、油膜各相异性的扩散作用以及油膜边缘的消失过程，并加入了风化因素。

(2)溢油漂移模型

溢油漂移行为是指受流、波浪和风应力等外界动力作用驱动油在水中发生漂移的过程。Williams 等(1975)建立的 SEADOCK 漂移模型，运用权重系数将近海、外海的风速矢量与表面海流矢量叠加，预测油膜在风、海流作用下的漂移运动，得出油膜质心位移公式。

(3)油粒子模型

油粒子模型方法是目前应用较为普遍的一种模型。油粒子方法最早由 Johansen(1984)和 Elliott(1991)提出，该方法直接从物理现象入手，将溢油视为许多分散的油粒子，不求解扩散方程，它将确定性方法和随机性方法结合起来，真实地重现实际观察到的溢油扩散特征，打破了采用对流扩散方程模拟溢油的传统方法。模型采用"粒子扩散"概念结合欧拉-拉格朗日法模拟溢油在海水中的扩散过程，虽然该方法能够准确模拟溢油在重力扩散停止后的运动现象，但未考虑溢油初期油膜受重力和惯性力作用的自身扩展过程。基于此，许多学者对油粒子模型进一步改进提出了两段论的模拟方法，前一阶段根据Fay理论修正计算公式，后一阶段采用油粒子方法模拟，并且通过"油膜粒子化"进行两阶段衔接，该方法解决了海水湍流扩散导致油膜自身扩散不足的问题。

（4）溢油风化模型

风化作用主要有蒸发、溶解、乳化、分散、沉降、光氧化与生物降解过程。国内外学者主要采用经验公式计算风化量。其中，蒸发过程采用 Stiver 等（1984）提出的算法，该算法主要用蒸馏曲线参数来表征油的挥发特性。溢油乳化过程的水含量通常采用由 Mackay 等（1982）提出的一级速率方程来计算。由于溶解和分散过程机理复杂，适用模型相对较少，还没有统一的计算公式。当前常见的风化模型有挪威科学和工业研究基金会研发的 IKU 风化模型、美国国家海洋和大气管理局（NOAA）研发的 ADIOS 风化模型、窦振兴研发的 OILSYS 模型以及 Sebastiao 等提出的风化模型。

20 世纪 80 年代，溢油扩展模型和溢油漂移模型主要从力学角度分析油膜运动，前者以油膜半径为基础参数计算油膜扩展面积和厚度，后者主要考虑在风、浪、流等外界作用力下的漂移运动；90 年代初提出的油粒子模型及其发展模型从物理现象角度出发，通过油粒子运动描述溢油行为过程，更真实地体现出溢油的随机性特征；溢油风化模型以经验模型为主，在参数设置和公式选择上具有一定的主观性和局限性。由此可知：基于力学分析的溢油模型以油膜整体为研究对象，研究建立的模型多为平面方向上的二维溢油漂移、扩展模型。当综合考虑复杂水面动力条件时，简单受力分析难以描述溢油垂向扩散过程。虽然油粒子模型能很好地描述溢油流散现象，但是限于计算机的堆栈能力，只能运用有限粒子大小和粒子数代替实际溢油，不可避免造成溢油量和溢油面积设定参数误差，油粒子特征带来的溢油模拟问题仍需进一步探讨。

2）油品三维数值模拟研究现状

随着水环境模型与计算机技术的飞速发展，数值模拟计算软件的适用范围、计算能力、便利程度也在不断提高。很多成熟的水环境数值模拟软件随之涌现，如丹麦水利研究所（DHI）的 MIKE 系列模拟软件、荷兰三角洲研究院（Deltares）的 Delft 3D 模拟软件等。许多学者应用不同的模型及软件进行了溢油事故的三维模拟研究。国内外代表性溢油模型如表 4-1 所示。

表 4-1　国内外代表性溢油模型

模型	要素	物理过程	垂向运动	特点
GULFSPILL	风-流-波浪	扩散漂移	未考虑	二维模型，实现了对水动力模型和溢油模型的高精度耦合，但仅限于阿拉伯湾
MOTHY	风-流-波浪	扩散漂移	考虑	三维模型，引入非线性模型，适用范围广，不限地域和时间
PPTM	流-波浪	扩散漂移	考虑	三维模型，基于油粒子模型，可模拟瞬时溢油和连续溢油
SEATRACK	风-流-波浪	扩散漂移	考虑	三维模型，可以实现溢油源点追踪，为溢油事故责任追究提供参考意见，通过地理信息系统（GIS）呈现模拟结果
MEDSLIK	风-流-温度	扩散漂移	未考虑	二维模型，建立拉格朗日油粒子和油浓度之间的关系
动态预报	风-流-波浪	扩散漂移	考虑	三维模型，运用确定方法和随机法模拟油粒子运动，避免对流扩散模式产生的伪扩散现象
三维耦合	风-流	扩散漂移	考虑	包含 2D 和 3D 模块，二维模型可以较好展现平面油膜运动，三维模型用于垂向水体油粒子运动，并可提取不同水层的油粒子浓度

对于不同数值模拟软件的应用，国内外也有大量的研究。GNOME 软件是美国 NOAA 利用拉格朗日追踪法和随机方法原理开发的二维溢油系统，能实现实时预报和假想溢油情景分析。该系统综合考虑了风场、流场和溢油量等因素模拟溢油行为。模型将海面油膜分割成很多离散的油滴质点，对每个质点都设定对应坐标，考虑质点受风流、洋流及其自身蒸发、乳化作用不同，通过油粒子随时间与方位运动计算溢油轨迹、运动趋势及扫海面积。OILMAP 软件是美国 ASA 公司研发的一款融溢油预测、风险评估和应急反应为一体的三维溢油系统。溢油模型将泄漏油品看成大量油粒子，并赋予相应溢油量。扩散过程采用随机游走的方法，漂移过程考虑风、流、浪和密度流对浮油的作用。该模型主要包含三个模块：溢油轨迹预测模块、逆时追踪模块和随机模块，其中随机模块用于溢油风险评估和环境影响评估，它与溢油轨迹预测模块的区别在于以大量历史模拟数据为基础进行总体评估。OSCAR 软件是挪威科技工业研究所（SINTEF）研发的三维溢油模拟系统，包含扩展模型、风化模型和生物效应模型。模型把溢油看成大量油粒子，模拟水面扩散和漂移，水对油滴的携带、乳化和溶解过程，同时模型考虑了岸线的影响。其中，风化过程可以较好地与实验室研究结果相吻合。该软件能客观分

析海上溢油事故的行为过程，为有关部门采取应急措施提供必要的科学依据。根据不同的应急策略，对特定的近海或者海岸环境进行综合环境影响评估。SIMAP软件是美国 ASA 公司基于本公司的溢油轨迹模型和 NRDAM/CME 模型中的溢油归宿与生态效应模型开发的。油膜扩展过程主要考虑重力和剪切力作用进行计算；油膜漂移过程则采用油粒子模式实现油膜漂移预测与评估，并通过随机游走算法衡量粒子扩散系数大小；模型还考虑了岸线对粒子的影响以及蒸发、乳化、波浪携带、溶解等风化作用。生物效应模型用于评估表面浮油及油浓度对生物损失的影响等。但限于对生物种群、生态结构和动力学知识的理解，不能将结论定量得出。MIKE21/3SA-ECOLAB 为 DHI 开发的溢油模块，主要采用油粒子方法来模拟溢油在海洋环境中的行为归宿。该软件运用拉格朗日理论模拟油粒子扩散、漂移、蒸发、乳化等过程，并且可以输出溢油轨迹、范围和油膜厚度等参数。2012 年，DHI 研发的 Ecolab/OS 溢油模块添加了油粒子轨迹模拟，岸线作用及围油栏、拦油坝等功能，模拟过程更加精细。模型在溢油种类、泄漏体运动形式(移动、固定点源)以及溢油泄漏形式(瞬时、连续溢油)等方面均有所涉及，如何降低经验参数设置误差是准确模拟的关键。

以上各种模型及预测软件方法都有其各自的优势和劣势，近年来，Guo 等(2009)提出采用混合方法模拟溢油垂向扩散过程，针对不同的预报要素采取不同的模拟方法。比如，对于海面溢油，初期的溢油扩展可以采用改进的 Fay模型进行模拟，在油膜厚度变化达到最终厚度后，采用油粒子拉格朗日随机游走方法模拟预报溢油输运路径和影响范围。油粒子垂向扩散比例及入水深度则采用试验获取的经验概率公式进行计算。油膜厚度的模拟采用油膜动力学模型求解。进入水体后的溢油，则在考虑海流的垂向湍流作用下采用油粒子拉格朗日随机游走方法进行模拟。溢油浓度的模拟则通过求解溢油浓度输运方程来获得。

综合来看，国内外学者对于海上溢油事故的平面及垂向运动与扩散的数值模拟已开展了大量的工作，目前数值模拟研究的发展趋势包括以下几个方面。

(1)考虑在波浪等外界作用情况下，模拟分析溢油的平面运动与垂向下潜

在已有溢油输运扩散模拟研究中，海面溢油的输运扩散主要受到海面风场、海流、波浪及湍流的作用，水下溢油的输运扩散则主要受海流和湍流的作用。Reed 等(1993)建议，在没有破碎波及微风情况下，可不考虑海浪对油膜的破碎作用，但是当风速增大的时候，溢油将被卷夹入海，海流的剪切和波浪的破碎作用不可忽略。很多学者的各类现场、实验室或者数值模拟结果均显示了溢油垂向运

动的重要性，溢油的自然卷夹过程在溢油归宿模拟中起着重要作用，同时也决定着溢油在海面上的时空分布情况。因此考虑波浪影响下溢油的垂向扩散运动成为目前三维溢油数值模拟研究的前沿。已有的拉格朗日随机游走溢油模拟研究中出现了四种垂向扩散模拟方法，溢油的模拟研究均采用不同的垂向扩散方案，但较少有人开展四种垂向扩散方案对溢油输运在时间和空间上敏感性的对比分析。Li 等(2013)的模拟对四种垂向方案进行了对比研究，分析了理想试验结果并开展实际案例应用，充分对比分析了四种垂向扩散方案对溢油输运产生的不同影响。

（2）溢油漂移轨迹及垂向扩散范围的精准预报技术研究

溢油漂移轨迹的预报结果是现场溢油应急处置工作中最重要的科学技术支撑信息，漂移轨迹的精准预报是溢油应急处置中的迫切需求，是所有应急预报工作者一直以来重点关注的研究内容。溢油数值模拟的准确性及漂移轨迹预报精度依赖于模式本身物理过程的数值模型化是否合理，如数值模拟方法中对湍流部分的求解处理、溢油在风化乳化过程中密度和黏性变化过程的模拟、采用"油粒子"方法模拟中粒子谱分布的设计对其漂移轨迹的影响等方面，同时也依赖于外界输入数据信息的准确性(如风、流、溢油源的信息等)，最后还取决于对模拟结果的使用。随着现场观测技术和监测水平的提高，以及卫星技术的发展和处理该类事故力量的增强，逐渐积累了大量的海上油井平台处的风场观测资料。同时，在事故发生后，应急部门将会启用卫星、航空遥感以及船舶现场观测来监视溢油漂移情况和附近海流情况。可以预见，海上风、流以及现场事故观测数据将越来越多，那么如何利用这些观测资料来提高溢油输运扩散预报的准确度成为溢油数值预报模型研究的新方向，成为被提到日程上的新课题。李燕等(2017)将最为简单的 OI 方法应用到溢油业务化应急预报的风场订正中，却明显提高了预报精度，这为进一步利用同化方法提高溢油应急预报精度研究提供了参考，是对如何利用同化方法提高溢油预报精度做出的很好的探索性工作。

（3）充分考虑现场处置手段的作用，开展溢油过程全方位模拟技术研究

随着处理溢油事故能力的加强，人工清理、机械回收(围堰、撇油、吸附等)、化学处理(辅助分散剂、破乳乳化、生物降解等)以及现场控制燃烧等技术方法的使用将对溢油漂移扩散过程产生更为重要的影响，如何将这些人为作用考虑进溢油漂移扩散模拟过程，从而对溢油漂移轨迹及扩散范围做出更为准确的预测评估，也将成为各国研究人员越来越关注的预报技术问题。

(4) 重点针对沉潜油过程开展数值模拟研究

随着近年来国内外学者对于沉潜油运动规律的关注，应用数值模拟手段分析沉潜油的运动规律正逐渐成为研究溢油迁移转化的热点内容。由于沉潜油在随海流横向迁移扩散的同时，还因吸附作用在海洋中逐渐下潜，因此对于沉潜油的数值模拟基本上都是建立在三维水动力模型和油粒子模型基础上，再根据研究对象建立特定区域的三维沉潜油数值模型。与以往的溢油模型不同，沉潜油三维数值模型不仅分析油粒子在海洋中的迁移对流运动过程，也将沉潜油吸附、下潜、二次上浮等作用纳入模型中，实现了通过数值模型对沉潜油迁移运动机制的模拟与分析，为开展沉潜油的防治提供了理论依据。

目前国内外已有部分学者开展了针对沉潜油的数值模拟研究。Shchepetkin 等(2005)结合风、浪、流等外部条件，建立了基于三维非线性、斜压的区域海洋模型系统(Regional Ocean Modeling System，ROMS)，并将其运用到溢油三维模拟分析中。通过实例研究发现，这种模型系统采用内、外模态分裂技术，可以将水位的求解过程从三维的控制方程中分离出来，同时三维的流速和密度在时间步长较大的内模态中计算，这种模型既确保了计算准确性又缩短了计算时间，为后续沉潜油的迁移运动分析奠定了基础。Khelifa 等(2005)分析了水体中的颗粒物对沉潜油形成的影响，以蒙特卡洛算法为基础，计算了悬浮物在不同指标(粒径、种类、分布浓度等)影响下，不同密度的油品形成沉潜油的时间及沉潜油迁移轨迹；随后又将油膜的破碎过程纳入数学模型中，应用蒙特卡洛算法、分形几何概念和灵敏度分析来模拟计算油品类型对沉潜油形成过程及沉潜油形成后下潜速率的影响规律。我国学者任律珍等(2020)以渤海作为研究范围，考虑温度、盐度、海流因素建立了渤海三维沉潜油数值模型，对秦皇岛周边海域来源不明的沉潜油迁移扩散规律进行了分析计算。根据结果显示，在 2012 年 4—6 月，秦皇岛沿岸海域表层出现的沉潜油应起始于春季(3—5 月)，来源于西南部区域，受到东北向海流的作用，沉潜油在秦皇岛海域沿岸的敏感区域相对容易聚集，通过对秦皇岛海域沿岸沉潜油的季节性来源及其与远程来源关系的分析，解释了当年夏季海域出现沉潜油上浮的原因与机制，为整个渤海湾区域的沉潜油污染防治提供了理论参考。李怀明等(2014)通过三维数值模拟的方法，对蓬莱 19-3 溢油事故中的海面油膜扩散规律以及沉潜油运动轨迹进行了研究，分析了油品浓度、颗粒物等要素对于沉潜油运动轨迹的影响规律，为实际溢油事故的快速响应和后期处置提供了参考与借鉴。

综合现有沉潜油数值模拟研究可以看出，与平面扩散相比，油品沉潜的数值模拟研究尚处于起步阶段，且预测沉潜油运动轨迹的精度有待提高。现有的数值模型存在三个方面的局限：一是环境要素的准确性，目前三维溢油模型限于水动力、气象耦合效果、模型自身分辨差异等问题，分析多要素耦合对于沉潜油迁移的准确性难以保证；二是在油粒子模型中怎样利用大小粒子来代表实际溢油微粒还需要进一步研究；三是由于时间与区域局限，目前沉潜油数学模型缺乏长期跟踪与验证，同时各个模型都是针对不同区域特点建立的，缺少具有普适性的沉潜油预测模型。因此，如何模拟多条件共同作用下的沉潜油运动，增强预测模拟周期和适用性已成为沉潜油数值模拟的发展方向。同时由于模拟精度的限制，溢油垂向数值模拟需结合室内试验或室外大比尺物理模型观测手段共同分析沉潜油运动规律。

4.2　沉潜油微观实验研究现状

近年来，随着 IMO 船舶安全标准的提高，事故率大幅度下降，但事故仍时有发生，石油泄漏造成的污染威胁仍然存在于海洋环境中。对于溢油潜入海中并在风化后沉入海中的行为，国际上从 20 世纪开始关注。然而，溢油的成分以及海上的风化过程和海况的复杂多变导致溢油沉潜过程的研究非常困难，理论发展相对缓慢，相关文献较少。国际上对沉潜油污染的认识始于 20 世纪，并且有许多关于沉潜油污染事故的记录。

目前关于沉潜油的研究大部分是基于现场调查的结果。1979 年，科学家们第一次关注溢油风化后潜入水中并沉入海底的行为；1984 年 Alvenues 事故后国外学者开始关注海水中的悬浮颗粒物对溢油的吸附现象；1989 年"埃克森·瓦尔迪兹"号溢油事故现场发现了油-悬浮颗粒物凝聚体（Oil-Suspended particulate matter Aggregates，OSAs），OSAs 被观察到在天然海岸线中起到了辅助清洁作用。美国 AMSA、芬兰 SYKE 等对溢油沉潜的现场调查做了综述，得出如下结论：①大于海水密度时油会沉入海底，密度接近海水时在海水冲刷下油会悬浮在水下一段时间，形成半潜油；②蒸发、吸附海底上扬的沉积物或岸边基质、爆炸、燃烧的残留物都使油密度增加，乳化、吸附悬浮物使油密度接近海水；③描述了石油特性、风化特征、海域特征和气象特征对溢油潜力的影响，并强调了波浪对油的分散过程以及与水体和近岸沙质土壤中悬浮颗粒物混合的重要性；④1994 年，美国 NOAA 对沉潜油的海底状态和尺寸、大小特征进行调查。

现场调查缺少对溢油沉潜过程的充分描述，不能很好地预测在一定条件下，溢油发生沉潜的概率和过程，所以为了更好地理解溢油沉潜的机理，需要在实验室中进行一系列的小型装置模拟试验来研究 OSAs 的形成机理以及影响因素。国内外已有的研究结果表明，控制 OSAs 形成的参数包括：矿物微粒的粒径和浓度、疏水性、溢油自身性质、海水盐度、混合能和化学分散剂等。不同频率下，溢油和矿物微粒的相互作用都会在吸附与解吸过程中达到动态平衡，只是所需的时间不同，并且达到平衡的吸附量也不同。

1) 油与悬浮颗粒物之间的相互作用

海水中存在着不同分散状态的悬浮颗粒物，其粒径范围可从微米级变化至毫米级。进入水中的油可以以分散油和溶解油两种物理形式存在，它们可以通过直接凝聚以及吸附或掺入沉积相的方式和沉积物相互作用。这些相互作用可以通过去除水相中的油从而改变石油的归宿和运输，是溢油应急措施的一个重要组成部分。

Delvigne 等(1987)首次进行了有关油和沉积物之间相互关系的实验室试验，并提出了油-矿物颗粒凝聚体的概念。随后在"埃克森·瓦尔迪兹"号溢油事件和"海上皇后"号溢油事件中，学者们发现即使是较为隐蔽的海岸线中的油也可以被自然地清除，并且现场发现了大量被固体颗粒包裹的油滴组成的凝聚体，从而意识到油与颗粒物的相互作用能促进海岸线石油的清除，并正式用术语"油-悬浮颗粒物凝聚体"来描述此过程。油-悬浮颗粒物凝聚体的形成可以增强油滴的稳定性，防止油滴发生再凝聚，从而减小了油滴的粒径。小油滴由于其较大的表面积及可利用率，加大了其生物降解率，从而有助于溢油的清除。

石油无论是作为油滴、吸附油还是游离液相，当其在水环境中与固体颗粒悬浮碰撞并附着时，油和悬浮颗粒物聚集形成的凝聚体称为 OSAs。OSAs 的中心是形状大小不一的油滴，而表面包裹着微米级颗粒物。国外学者利用紫外荧光显微镜和扫描电子显微镜技术确定了三种不同类型的 OSAs：油滴状、固体状和片状凝聚。油滴状是最为常见的类型，单个或多个油滴被颗粒物包裹，粒径通常在几微米之间。固体状是油品和不同形态的混合物接触、混合后形成，其粒径多在几十微米之间。片状凝聚呈现薄片状，其中油滴和颗粒物按照一定的顺序排列，粒径可以达到毫米级。在某些外部动力的作用下，不同形态的 OSAs 也可能发生破裂或再聚集的情况。油膜被分解成油滴，可以通过两种类型的力来实现，即流场产生的外部干扰力(如惯性或黏性力)以及油的内部恢复力(如界面张力维持油滴形状)，那么该步骤的主要影响参数就是油黏度和混合能。高黏度的石油形成的 OSAs 的粒径较大，形状也不同。

2) 溢油下潜影响因素

石油的黏度是影响油和颗粒物作用的主要因素。黏度的大小决定了油在水中的分散程度。低黏度的油可以更快更多地分散成小油滴，油滴表面黏附的颗粒物可以防止分散的油滴发生再凝聚，这有利于 OSAs 的形成。而高黏度油的分散性较差且分散成的油滴粒径较大，油滴的比表面积小而不利于与颗粒物之间的相互作用，这不利于 OSAs 的形成。研究发现，当油的黏度高于 9 500 mPa. S 时，OSAs 很难形成，因此，通常将 9 500 mPa. S 作为 OSAs 形成的黏度阈值。此外，Omotoso 在比较了不同黏度原油与高岭土作用的沉降率后发现，高黏度原油所形成的 OSAs 的沉降速度比低黏度原油快。这说明，在黏度阈值允许范围内，高黏度油与颗粒物的作用效果虽然不如低黏度油明显，但形成的 OSAs 却具有更高的沉降率。

在沉积物的种类中，不考虑黏土的化学组成，单就其大小而言，黏土是最细小的组分，其直径在 2 μm 左右。黏土颗粒很容易形成 OSAs，并且在 OSAs 的研究中广泛应用。一些矿物颗粒如高岭土、蒙脱石、石英、硅石、长石、伊利石、绿泥石、蛭石、蒙皂石、方解石等在 OSAs 的形成研究中被广泛应用。一般高岭土和石英砂用得最多，也最普遍。但海水中所占颗粒物比例最高的通常为泥沙，所以泥沙在 OSAs 形成过程中的研究更具代表性。颗粒物的理化性质会影响 OSAs 的形成效率，不同的颗粒物有着不同的疏水性、可利用的内层空间、表面特性以及阳离子交换能力。使用的颗粒物与形成的 OSAs 类型存在着明显的关系，如高岭土和石英砂大多形成油滴状的 OSAs，而蒙脱石只形成薄片状的 OSAs。可见悬浮颗粒物的类型对 OSAs 的形状有一定的影响。

不同类型颗粒物的粒径有所不同，对石油的吸附性能也有所不同。Sorensen 等(2014)的研究结果表明，粒径越小的黏土对石油的吸附量越大，因为粒径越小的颗粒物比表面积越大，与油滴的接触面积也越大。当使用的颗粒物粒径较小时，OSAs 的浓度缓慢增加；当使用的颗粒物粒径较大时，生成 OSAs 的浓度迅速达到最大。然而最近的研究表明，并不是颗粒物的粒径越小越好，当使用粒径非常小的颗粒物(直径在 0.07~0.14 μm)，如气相的二氧化硅时，就没有发现稳定的 OSAs。粒径太小的颗粒物不易形成稳定的 OSAs，因为这些颗粒物本身是通过疏水键合力聚集在一起的。以上结果可以证明，悬浮颗粒物的种类和粒径对 OSAs 的形成有着很大的影响。

油和颗粒物的浓度及其相对比率对 OSAs 的形成有着强烈的影响，油浓度太高使得油难以反应，而当颗粒物的浓度太高时又会降低反应的混合能量。SPM 对溢油的垂直运动也具有重要的影响，当 SPM 小于 10 mg/L 时，基本不发生油的沉潜；当 SPM 为 10~100 mg/L 时，充分混合可发生沉潜；当 SPM 大于 100 mg/L 时，大量溢油发生沉潜。一般来讲，受溢油污染的海水的颗粒物浓度为 10~100 mg/L 时，可以形成 OSAs，但有效形成 OSAs 的悬浮颗粒物的浓度为 400~800 mg/L。不考虑油品的影响，当油与颗粒物的比为 3∶1 时，能提升 OSAs 的形成效率。当油与颗粒物的比率增大时，能更快地形成 OSAs。

混合能对 OSAs 的形成至关重要，自然条件下主要来源是波浪能。一定强度的波浪能能够加速油在水体中的分散过程，其作用表现在可以影响油膜和颗粒物在水体中的分散性与悬浮性。破碎的油膜可以形成规模更大、数量更多、粒径更小的油滴，同时油滴和颗粒物能够呈现更为稳定的悬浮状态，这增加了二者之间相互碰撞和作用的频率，从而有利于提升油滴与颗粒物结合量。光学显微照片显示，油滴粒径随着搅拌时间而减小。

盐度在 OSAs 的形成中扮演着重要的角色，因为海水在油和颗粒物的相互作用过程中相当于阳离子中介。它会影响固体颗粒的絮凝并改变油滴的表面特性，从而影响 SPM 和油滴之间的聚集。在盐度较高的条件下，OSAs 的形成将会增强（如在海洋环境中），但在淡水环境中没有或只有少量的 OSAs 生成。研究已经发现，存在一个 OSAs 不会形成的最低盐度，而最低盐度在不同试验条件下是不同的，并且存在一个临界盐度，这个盐度就是 OSAs 的形成量快速增加后达到最大值时的水体盐度。这个临界浓度主要是由颗粒物类型控制的，在较小程度上由石油类型控制，因此该范围的精确值取决于油类型和颗粒物性质。低于此盐度范围，随着盐度的降低，OSAs 中的油含量呈线性下降，在蒸馏水中几乎为零。高于此盐度值，盐度对 OSAs 形成具有可以忽略不计的影响。盐度对 OSAs 形成的影响与颗粒物类型密切相关，海水高离子强度的化学性质决定了微粒的表面性质。然而，淡水离子强度比海水低 100 倍，微粒的表面电荷在 OSAs 形成过程中扮演了重要的角色。在盐度较高的情况下，由于油和颗粒物的吸附能会下降，这样就会形成尺寸较小的 OSAs。当使用淡水（盐度为 0~1）作为介质来形成 OSAs 时，只有 10% 的颗粒物能与油滴相互作用。但使用海水（盐度 ≥10）为介质时，有高达 75% 的颗粒物能与油滴相互作用。盐度的增加使得 OSAs 增加是因为其表面的双电层变薄，水中的离子导致油滴和颗粒表面吸附电荷，形成双电层。这降低了颗粒表面的排斥势，并加强了颗粒之间的吸引力。然而，一旦双层厚度低于某一阈值，进一步增加盐度对 OSAs 形成的影响较小。

3) 溢油分散剂的影响

溢油分散剂是由亲油基团和亲水基团两部分组成的表面活性剂。其主要组成部分是主剂和溶剂，另外，还含有一定数量的防腐剂和稳定剂。其中，主剂为非离子型的表面活性剂，在 1970 年以前，大多数为醚型，可是其对鱼、贝类等水生生物的毒性作用较大，而且在自然状态下不易被生物降解。因此后来酯型的溢油分散剂代替了前者，相对于醚型分散剂，后者的乳化性能更为出色，并且生物毒性更小。溢油分散剂的溶剂最初是以芳香烃为主的石油系碳氢化合物，但由于此种物质在水体中不易生物降解，并且可以沿食物链传递、富集并最终进入人体，对人体造成危害，故为烷烃所取代。

目前，国际上尚未建立起有效的分散剂使用效果评价方法。由于实验室条件与海上实际情况相去甚远，分散剂使用效果的研究面临的困难之一就是如何使得实验室的评价结果与海洋应用的实际效果一致。为了解决这一问题，分散剂使用效果的评价方法正处于不断改进的过程中。

国外学者对于溢油分散剂的实验室研究开展较早，Mackay 等（1982）在多种沉积物存在的条件下对自然与化学分散油进行了最早的探索性研究。他们发现，海洋湍流表面很难有沉降产生，少许的油可以沉降到底部。分散剂与油的比例（DOR）越高，越多的 OSAs 倾向于返回到表面；DOR 比例越低，越多的 OSAs 趋于沉在底部。Guyomarch 等（1999）的研究表明化学分散剂 Inipol IP90 可以促进 OSAs 形成，这从某种程度上改变了污染物的特性，之后还研究了黏土和化学分散油之间 OSAs 的粒径分布。结果表明，当黏土浓度小于 0.2 g/L 时，凝聚体与无油黏土粒径分布相近，且凝聚体中油滴数很少。而当黏土浓度（0.6 g/L 和 0.8 g/L）较高时，则存在含有高达 15 个油滴的凝聚体。Khelifa 等（2008）研究了国家标准技术研究所制备的标准物质 1941B、阿拉伯中质原油和南路易斯安那原油与 Corexit 9500 试验条件下油的物理和化学分散行为，结果表明，当沉积物浓度为 25 mg/L 和 50 mg/L 时，分散油沉降率相对于物理分散油要高 3.5 倍。分散剂进入油层后会使水面油膜乳化，降低了油和水之间的界面张力，油滴形成微米级的颗粒，显著减小了油的黏度和油滴的粒径，这在很大程度上改变了油和沉积物之间相互作用的程度与速率，从而有利于 OSAs 的形成。

我国学者将国际上常用的检测分散剂乳化率的方法与我国国家标准方法进行了比较，结果如表 4-2 所示。

表 4-2　分散剂乳化率实验室测定结果比较

检测方法	MNS 法	IFP 法	WSL 法	SFT 法	EXDET	GB 18188—2000
能量来源	高速气流	振荡环	旋转容器	振荡台	腕部旋转	腕部旋转
能量水平	3	1~2	2	1~2	1~3	1~3
水的体积/mL	6 000	4 000~50 000	250	12	250	50
油水比	1:600	1:1 000	1:50	1:1 200	变化的	1:50
分散剂加入方式	滴加/事先混合	滴加	滴加	滴加/事先混合	滴加/事先混合	滴加
沉降时间/min	—	—	1	10	—	10
复杂程度	3	2	1	1	1	1
采用国家(或公司)	加拿大	法国、挪威	英国	美国	埃克森	中国

　　易世泽(2013)分析了目前小型实验室评价方法存在的问题，主要包括以下四个方面：①试验标准不统一导致结果可比性不强；②试验结果重复性及再现性不强；③试验对象缺乏针对性；④二次污染检测方法仍需改进。

　　苏君夫于 1990 年分别使用了大阪工业实验法以及 Labofina 法考察了当时国内普遍使用的溶剂型双象 1 号分散剂使用的影响因素，结果表明，水温是影响分散剂乳化率的关键因素，当水温低于 20℃时，分散剂乳化能力非常差，即使加大用量也无法使乳化效率达到标准。对于为何低水温条件会抑制分散剂乳化效率这一问题，苏君夫认为，水温在由 20℃下降至 5℃的过程中，油的黏度可增加 2~5 倍，油水界面的表面张力会增大，且分散剂本身扩散速度也急剧下降。因此，除了轻质油外，分散剂对油的乳化能力会急剧下降。如上所述，化学分散剂通常会产生较小的油滴，并加速油在水体中的分散。几十微米量级的细小油滴在水体中倾向于保持悬浮状态，在湍流扩散作用下可以广泛分散于水体中；在没有足以克服阻力的强烈混合能时，百微米量级的大油滴可以重新聚结然后再上浮到水面。因此，分散剂的存在可以促进在低搅拌能条件下 OSAs 的形成。

　　在实际应用层面，1994 年 9 月，美国国家环境保护局(U. S. Environmental Protection Agency，EPA)将 SFT 法定为本国室内评价溢油分散剂效率的有效标准方法，但后来的研究表明，SFT 法在测定分散剂分散效率时很容易受到操作人员、实验器材及仪器检出限等因素的影响，不能真实地反映溢油分散剂在海上溢油应急处理中的使用效率。目前，EPA 研究的 BFT(Baffled Flask Test)新方法最常被使用，也是美国分散剂产品纳入国家应急计划(National Contingency Plan，NCP)产品目录的标准测定方法。多次研究的结果都表明，BFT 法在测定溢油分散剂分散效率时具有较高的精确性和重现性，能最大限度地真实反映海洋自然条件下油类与溢油分散剂混合及作用的过程，它对溢油分散剂分散率测定的稳定性已经得到了国际的认可。

4.3　沉潜油物理模拟实验研究现状

为了更好地模拟野外海洋溢油的运输和稀释效应，以及波浪条件下水下动态分散的过程，在小型模拟的基础上部分实验室又进行了中型水槽试验。可以在实验室规模测试和海上条件之间提供一个有用的桥梁，在受控条件下再现海上操作条件和混合过程。这些水槽试验所用的试验设备构造大抵相同，由一端的造波器进行造波，另一端设有波浪吸收器。在中间水槽不同的水平位置和深度设置采样点进行采样，通过测定样品的油浓度得到油品在波浪作用下的分散情况。水槽试验的一个优点就是可以控制波浪条件，一般试验中会设置规则波和破碎波两种波浪条件。除此之外，通过水槽试验还可以得到颗粒物与油品相互作用后形成 OSAs 的分布情况。这在与实际海上条件结合中具有重要的指导意义，通过 OSAs 的垂直和水平分布情况，可以得到颗粒物致使溢油沉潜的过程及行为踪迹。

国外许多研究机构已经建设了大型的物理模拟实验室，用于开展沉潜油的机理研究，典型的介绍如下。

1）美国 OHMSETT 溢油实验室

美国 OHMSETT 溢油实验室位于新泽西州，是美国国家级的溢油应急技术与可再生资源研究的综合实验室。该实验室主要从事全尺寸溢油应急设备及化学药品处理的实验研究，用以改进设备性能及研究化学药品处理的可行方法。实验室主要由实验水池、波浪流模拟系统、拖曳系统、控制台、污水处理系统、培训/会议中心、设备库房及化学品实验室、单体船及储油罐等设施组成。

该实验室实验水池长 203 m、宽 20 m、深 3.4 m，其使用容积达到 9 800 m^3，在水池内侧安装有摄像头，墙面上设有观察孔。波浪流模拟系统主要由造波系统、消波系统及造流系统组成，可较为真实地模拟水流环境状况。

该实验室拖曳系统由三个机械式可移动桥架组成，主桥架可拖曳溢油应急设备以高达 3.3 m/s 的速度在水面上运动，它还具有一个溢油分配系统，可以在溢油回收设备的前方喷洒原油；而副桥架上则安装有 8 m^3 的临时储油舱，用于储藏回收设备所回收的溢油。该实验室在实验水池长度方向一端安装有波浪流模拟系统，其能够模拟1~2级海况；在实验水池另一端设置控制台，用以监控实验室的整体工作状况；除此之外，实验水池旁边还设置了污水处理系统、化学品实验室、设备库房、多媒体培训/会议中心等，实验室整体布局如图4-1所示。该实验室总投资5 000万美元，按建造时美元兑人民币比价，相当于5亿元人民币。

图4-1　美国OHMSETT溢油实验室整体布局

美国OHMSETT溢油实验室主要能够进行收油机性能实验、溢油分散剂实验、围油栏性能实验、水下溢油处置装备性能实验、培训教学等。具体如下。

(1)收油机性能实验

收油机是溢油处置中最为重要的设备，其性能的好坏直接决定了对溢油的处置效果。OHMSETT溢油实验室的收油机实验系统较为简单，但相当实用，它主要由溢油投放系统、储油罐、围油栏、实验水池、被测试样机及其控制系统等组成。它利用围油栏形成较小规模的被测试样机实验区域，在此区域内能够进行不同类型收油机、不同油膜厚度及不同外界环境条件下收油性能的实验。

(2)溢油分散剂实验

溢油分散剂实验是利用溢油投放系统将特定油种投放到实验水池中，在环境模拟系统作用下，溢油发生一定的物理扩散，形成一定的溢油区域，再利用分散剂喷洒装置将分散剂释放于溢油表面，从而进行针对不同油品的分散剂应用、不

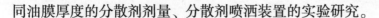

同油膜厚度的分散剂剂量、分散剂喷洒装置的实验研究。

(3)围油栏性能实验

围油栏是溢油应急中最为关键的装备之一，其性能直接决定溢油的扩散区域。同分散剂实验一样，围油栏性能实验主要也是应用溢油投放系统、实验水池及环境模拟系统，进行围油栏乘波性、稳定性及滞油能力的实验。

(4)水下溢油处置装备性能实验

水下溢油处置装备主要应用于水下钻井平台和水下输油管道溢油事故的应急处置，其主要用于溢油水下投放系统和溢油事故发生模拟系统，进行水下溢油处置装备水密性和回收速率的性能实验。

(5)培训教学

实验室还可提供快速水面溢油应急培训课程。室内课程内容主要包括溢油特性、溢油回收装备及选择、围油栏特性、收集及储藏设备。室外课程内容则包括围油栏的应急布控和收油机的实际操纵。

2)法国 CEDRE 水上污染事故研究实验中心

法国 CEDRE 水上污染事故研究实验中心位于法国西部港口城市布雷斯特，是法国国家级的水污染咨询、研究和实验的非营利机构，于 1979 年 1 月"Amoco Cadiz"邮轮溢油事故后成立，服务对象包括法国政府、社会研究机构和私人企业(商业联盟和公司)。

CEDRE 拥有专业化的溢油应急处置实验设施，包括：可控大气环境条件的溢油风化水槽、溢油应急处置实验水池(长 59 m、宽 35 m、深 2~3 m)、生物实验温室、监测实验室、人工实验海滩(6 000 m^2)、野外实验场地等。其中，实验水池的三个边为缓坡，一个边为垂直池壁。CEDRE 实验水池外观如图 4-2 所示。

为研究污染物的水溶行为和开展水下的溢油研究，CEDRE 于 2003 年设计出一个六面体的塔状实验设施，其中三个面为透明，另外三个面为不锈钢，高 5 m，直径 0.8 m。CEDRE 的造波浪设备和实验柱如图 4-3 所示。

3)挪威 SINTEF 溢油实验室

SINTEF 是欧洲最主要的环境技术领域的研究和教育中心之一，是一个非营利性的研究机构，在溢油应急方面具有很强的科研实力，特别是针对冰区溢油应急处置开展了大量研究工作。例如：冰区分散剂的效果及其影响研究；冰区溢油机械回收技术；冰区的溢油遥感监测技术；冰区溢油漂移和风化轨迹模拟等。有关

图 4-2　CEDRE 实验水池外观

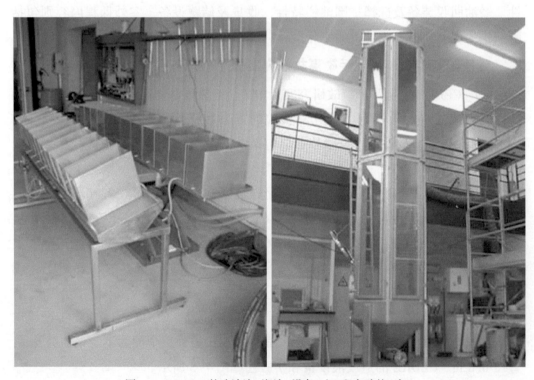

图 4-3　CEDRE 的造波浪(潮汐)设备(左)和实验柱(右)

溢油的科研项目年均合同额为 700 万~800 万挪威克朗,其中 80%~90%来自企业,10%~20%来自政府,30%为国际项目。

SINTEF 溢油实验室于 2005 年在挪威石油公司资助下进行了扩建,将油/冰实验水池、实验塔和人工岸滩等设施都集中在一个约 120 m^2 的密闭屋内(无窗户,

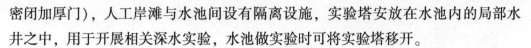

密闭加厚门），人工岸滩与水池间设有隔离设施，实验塔安放在水池内的局部水井之中，用于开展相关深水实验，水池做实验时可将实验塔移开。

中尺度油/冰实验水池是 SINTEF 实验室的核心实验设施，该实验水池长10 m、宽4 m、深2.3 m、水深2 m，水池另一端有一长2 m 呈缓坡状的人工岸滩，具有造风、造浪、模拟低温、水下溢油等功能，具体参数如下：采用6 个潜水轴流泵（菲利特-4460 泵，10 kW）造流，最大流速5 kn；采用推板式造波，由活塞缸推动固定在池壁的钢板造波，最大波高0.3 m；采用空调控制室内温度，可控温度范围为-20~30℃；由储水池储存清空实验水池的油污水，利用瑞典阿法拉伐公司 NFV 船底污水分离器-PPT-BWS-MESB 处理油污水。

国内很多研究机构也建设了大型的实验设备，用于开展溢油及下潜的实验研究。国家海洋局海洋溢油鉴别与损害评估技术重点实验室设有污染物环境行为研究实验室，包括一个波浪流模拟水槽（长32.0 m、内宽0.8 m、内深2.0 m）、一个纵向模拟水槽（长1.5 m、宽1.5 m、深4 m）和一个风化模拟水槽（长3.0 m、宽2.0 m、深1 m）。该实验室是国内设立在管理部门的第一个海洋溢油部级重点实验室，以国家海洋局北海分局为依托单位，开展以溢油鉴别技术、溢油环境行为过程、溢油生态环境损害评估技术为重点的研究工作，可为我国海洋行政管理和海洋环境保护服务，也可为我国海洋防灾减灾和维护国家海洋权益提供科学依据。

在溢油应急设备的性能检测方面，国内相关溢油应急设备厂商和溢油应急响应公司均未得到专业实验室的支持，只能通过自备简易设施进行一些小型测试和实验，主要有两种方式。

一是利用耐油橡胶布或纤维增强双面 PVC 涂覆高强度布自制的小型溢油实验水池（图4-4），利用高压水枪在有限的水池表面形成不规则的乱流，由于无法模拟波浪特性，且实验空间狭小，只能勉强进行小型溢油应急设备的性能检测，因此测试数据难以代表真实环境条件下的设备状况，可信度较低。

二是利用围油栏圈定一定面积的岸边实际水域作为实验场，测试数据能够真实反映测试现场环境条件下溢油应急设备的性能，但代表性单一，无法代表其他环境条件下溢油应急设备的性能，如果向该实验场添加溢油，测试回收效率等参数既不能用于全面衡量溢油应急设备的性能，还会给当地水域生态环境带来污染损害威胁，不宜经常使用。

中海油节能环保服务有限公司利用其设备清洗池开展溢油样品风化状况检测等相关实验，该清洗池长约15 m、宽约8 m、深约2 m（图4-5）。

采用大型水槽技术开展沉潜油运动规律模拟研究，既可以避免室内条件限制

图 4-4　青岛光明自制的小型溢油实验水池

图 4-5　中海油节能环保服务有限公司的设备清洗兼风化实验水池

的空间局限性，又可以在一定程度上模拟实际的海洋环境，模拟海上水流等的影响，获得较为可靠的实际研究数据，具有良好的真实性和稳定性，同时还具备可重复性，可反复开展模拟实验；另外，相比现场观测实验，水槽模拟实验可以更为准确地对外界因素进行控制，具有可操作性强、实验投入低等优点，对于沉潜油来说，更具备容易观测的优点，能够直观地反映沉潜油的运动轨迹。因此，水槽模拟技术目前已经成为开展沉潜油运动规律研究的主要手段。

如前所述，目前国内外许多研究机构已经建立了不同规模的室内外水槽设施，用于开展沉潜油的相关研究工作，并已取得了一些成果。美国国家溢油应急测试机构建立的石油和危险材料模拟环境测试水槽（Oil and hazardous materials simulated environmental test tank，Ohmsett）是目前世界上最大的模拟海洋条件的波浪水槽，也是最具代表性的波浪水槽。Ross 等（2001）利用 Ohmsett 水槽模拟了溢油分散剂对沉潜油形成的影响；加拿大贝德福德海洋学研究所的波浪水槽主要通过分析油滴浓度、油滴粒径分布、能量耗散等指标研究不同外部条件对沉潜油的影响效果，该方式的研究成果已在国际会议和期刊上多次发表，并在墨西哥湾"深水地平线"溢油事故的监测中进行了成功应用。相比于国外的波浪水槽，我国的水槽研究设备相对较小，且多建于室内。钱国栋（2016）应用长、宽、高分别为 7 m、0.5 m、0.5 m 的波浪水槽，研究了盐度对于海面溢油扩散以及下潜的影响。郭运武等（2008）应用上海大学水槽（长 58 m、宽 0.5 m、高 0.7 m）研究了河道发生溢油后，油品的漂移、下沉过程，结果显示，河道溢油中，风场对于溢油扩散与下沉具有明显的影响。鞠忠磊（2019）采用室内水槽，以目前应用较为广泛的光明-2 溢油分散剂为对象，开展了沉潜油形成过程模拟实验，结果表明，在破碎波条件下以及有悬浮颗粒物的存在下，溢油分散剂的使用可以明显促进溢油的自然下沉，随着剂油比的增大，油品沉潜率有小幅度增加，最高可达 93.27%，而沉底率则会在高剂油比条件下有所下降，研究结论为后续建立沉潜油分散以及沉降模型提供了数据支撑。

Li 等（2009）通过波浪水槽试验发现，在相同的混合时间（200 min）下，由原位散射激光粒度分析仪（LISSR-100X）测得的物理分散油滴质量平均粒径为 40 μm，而测得的化学分散油滴质量平均粒径为 15 μm。随后，Li 等评估了不同波能条件下分散剂 Corexit 9500 和 SPC 1000 对中质南美原油和阿拉斯加北坡原油的分散效率，结果表明，油浓度均增加数倍，且破碎波条件下油浓度远高于非破碎波条件下；而未加分散剂的油滴粒径在破碎波条件下仍然很大，为 150~200 μm，加入分散剂后，粒径减小到 50 μm 以下。Li 等（2011）从 2007 年开始进行了一系列大水槽试验，主要研究的影响因素为：温度、分散剂、波浪条件、颗粒物以及油品黏度。其主要实验结果如下：①温度：高温有利于溢油的分散（大于14℃），但是在规则波下效果并不明显，而在破碎波下升高温度溢油分散率可以成倍增长。②分散剂：在规则波下分散剂的效果并不显著，但在破碎波下可以显著增加分散率，尤其是在高温条件下。可见分散剂的有效性依赖于温度，低温下加入分散剂变化不大，而高温下变化较大。③波浪条件：在规则波下，石油的分散程度很低，加入分散剂效果也并不明显。破碎波可以显著增加分散率，与温度及分散剂具有协同作用。

利用波浪水槽进行中尺度的沉潜油模拟研究，不仅可以反映沉潜油的运动与下沉过程，而且可以体现沉潜油自身组成的化学变化，同时波浪水槽手段对比小型锥形瓶试验更能真实体现出沉潜油在真实环境下的自然或化学分散结果。比较国内外波浪水槽设备及研究成果可以发现，国外水槽规模比较大，大多是户外型，可控参数多，研究结论更接近真实情况，因此准确程度更高，研究对象更倾向于溢油的外界自然条件；而国内溢油水槽研究设施相对较小，与国外规模还有差距，因此研究集中于分散剂、颗粒物等更为可控的条件对沉潜油的影响。

4.4 沉潜油污染防治发展趋势小结

在溢油污染防治领域，沉潜油相对而言是一个新兴的概念。目前，研究溢油与颗粒物相互作用以及油品发生沉潜后的运动规律仍是溢油研究中的一个热门发展方向。由于沉潜油具有下潜趋势，一般的海面溢油监视技术难以分析其运动规律，而现场观测手段往往受重复性、经济性等条件的制约，难以大量开展。因此，三维数值模拟技术以及波浪水槽物理模拟技术是目前研究沉潜油运动规律的主要技术手段。当今国内外研究的发展趋势已从研究单一外界条件对沉潜油的影响向多因素耦合条件下的沉潜油形成及运动规律转化。

纵观目前三维数值模拟沉潜油运动规律的研究水平，对于溢油风化的过程以及后期沉潜的因素研究还不完善，国内外虽然有部分的数值模型已经将风场、流场等因素进行耦合研究，但耦合要素数量相对较少。考虑到海洋是一个复杂的环境，今后还应加强模型中要素的耦合研究，在优化算法的过程中，需运用解析和数值法提高油滴下潜轨迹的模拟精度。同时，随着海上溢油遥感精度的不断提高与业务化发展，遥感信息可以为沉潜油运动规律的研究提供更为可靠的验证依据，在一定程度上能够弥补沉潜油数据资料的不足。因此，将遥感技术与三维数值模拟技术结合是后续研究沉潜油的新趋势。

在波浪水槽物理模拟技术领域，对比国内外的研究可知，国外的试验设施尺寸更大，而且大多是建设在户外，研究环境更接近真实情况，因此参数与研究结论更准确，研究对象更倾向于溢油的外界自然条件。目前国内溢油水槽研究设施相对较小，与国外规模还有差距，因此研究主要集中于分散剂、颗粒物等更为可控的条件对沉潜油的影响。

综合而言，目前对于沉潜油的研究，数值模拟与水槽物理模拟已成为常规研究手段，今后我国对沉潜油的研究方向一是提升物理模型设备水平，特别是构建大比尺的水槽试验模型，增加水槽物理模拟的精度，保证试验能够更为真实地反映实际溢油情况，使模拟结论更为可信；二是在研究沉潜油的运动过程中，目前国内外的研究大部分都集中于沉潜油的初次下潜。因此，构建一套研究沉潜油后期与沉积物作用机制、二次上浮运动轨迹的技术方法就显得十分必要，这也是今后沉潜油运动规律研究领域的一个发展趋势。

第5章　典型海域沉潜油运动规律案例分析

本章利用 MIKE 水动力预测软件，选取国内典型的海域，研究海上发生溢油后，油品下潜的影响范围及运动趋势，分析不同泄漏量、涨落潮等因素对沉潜油运动规律的影响情况。

5.1　研究手段

5.1.1　研究技术方法

本研究利用 MIKE 水动力预测软件预测油膜的水面漂移轨迹，同时油膜风化过程遵守质量守恒定律。MIKE 水动力预测软件为 DHI 开发的溢油模块，主要采用油粒子方法来模拟溢油在海洋环境中的行为归宿。该软件运用拉格朗日理论模拟油粒子扩散、漂移、蒸发、乳化等过程，并且可以输出溢油轨迹、范围和油膜厚度等参数。通过输入的泄漏类型、泄漏地点、泄漏时间等溢油事故信息以及风场、流场等各类环境数据，结合采取的溢油应急措施，计算溢油的运动轨迹和归宿。船舶污染事故影响预测计算过程如图 5-1 所示。

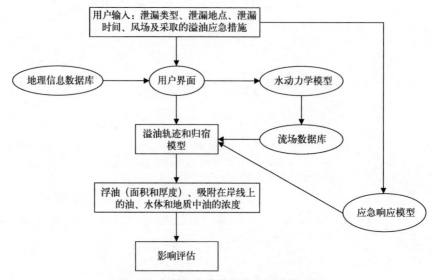

图 5-1　船舶污染事故影响预测计算过程

5.1.2　基本控制方程

连续性方程

$$\frac{\partial h}{\partial t} + \frac{\partial h\bar{u}}{\partial x} + \frac{\partial h\bar{v}}{\partial y} = S \tag{5-1}$$

动量方程

$$\frac{\partial h\bar{u}}{\partial t} + \frac{\partial h\bar{u}^2}{\partial x} + \frac{\partial h\bar{u}\,\bar{v}}{\partial y} = f\bar{v}h - gh\frac{\partial \eta}{\partial x} - \frac{h}{\rho_0}\frac{\partial p_a}{\partial x} - \frac{gh^2}{2\rho_0}\frac{\partial \rho}{\partial x} + \frac{\tau_{sx}}{\rho_0} - \frac{\tau_{bx}}{\rho_0} - \frac{1}{\rho_0}\left(\frac{\partial S_{xx}}{\partial x} + \frac{\partial S_{xy}}{\partial y}\right) +$$

$$\frac{\partial}{\partial x}(hT_{xx}) + \frac{\partial}{\partial y}(hT_{xy}) + hu_s S \tag{5-2}$$

$$\frac{\partial h\bar{v}}{\partial t} + \frac{\partial h\bar{u}\,\bar{v}}{\partial x} + \frac{\partial h\bar{v}^2}{\partial y} = -f\bar{u}h - gh\frac{\partial \eta}{\partial y} - \frac{h}{\rho_0}\frac{\partial p_a}{\partial y} - \frac{gh^2}{2\rho_0}\frac{\partial \rho}{\partial y} + \frac{\tau_{sy}}{\rho_0} - \frac{\tau_{by}}{\rho_0} - \frac{1}{\rho_0}\left(\frac{\partial S_{yx}}{\partial x} + \frac{\partial S_{yy}}{\partial y}\right) +$$

$$\frac{\partial}{\partial x}(hT_{yx}) + \frac{\partial}{\partial y}(hT_{yy}) + hv_s S \tag{5-3}$$

式中，t 为时间；x、y 为右手 Cartesian 坐标系；η 为水面相对于计算基面水位；h 为总水深，$h = \eta + d$，即水位与平均海面以下深度的和，d 为静水深；$\bar{u}$、$\bar{v}$ 分别为平均水深下的流速在 x、y 方向上的分量；p_a 为当地大气压；ρ 为水密度，ρ_0 为参考水密度；$f = 2\Omega\sin\varphi$ 为 Coriolis 参量（其中 $\Omega = 0.729 \times 10^{-4} \mathrm{S}^{-1}$ 为地球自转角速率，φ 为地理纬度）；$f\bar{v}$ 和 $f\bar{u}$ 为地球自转引起的加速度；S 为源汇项，(u_s, v_s) 为源汇项水流流速；S_{xx}、S_{xy}、S_{yx}、S_{yy} 为辐射应力分量；T_{xx}、T_{xy}、T_{yx}、T_{yy} 为水平黏滞应力项；τ_{sx}、τ_{bx}、τ_{sy}、τ_{by} 为应力分量。

5.1.3　溢油模型

溢油模型是基于欧拉-拉格朗日理论体系，通过对油膜在水体中的扩展、传输（水流和风场作用）、紊动扩散、分散（夹带）、蒸发、乳化和溶解等各种过程的模拟，可提供油膜随时间变化的漂移位置、厚度，以及漂移过程中黏度、油膜表面温度等属性的变化。

1) 输移过程

油粒子的输移包括扩展、漂移、扩散等过程，这些过程是油粒子位置发生变化的主要原因。

(1)扩展运动

采用修正的 Fay 重力-黏力公式计算油膜扩展,

$$\left(\frac{dA_{oil}}{dt}\right) = K_a \cdot A_{oil}^{1/3} \cdot \left(\frac{V_{oil}}{A_{oil}}\right)^{3/4} \tag{5-4}$$

式中,A_{oil} 为油膜面积,$A_{oil} = \pi R_{oil}^2$,R_{oil} 为油膜半径;K_a 为系数;V_{oil} 为油膜体积;t 为时间。

油膜体积为

$$V_{oil} = \pi R_{oil}^2 h_s \tag{5-5}$$

式中,h_s 为油膜厚度。

(2)漂移运动

油粒子漂移的作用力是水流和风拽力,油粒子总漂移速度由以下权重公式计算:

$$U_{tot} = C_w(z) \cdot U_w + U_s \tag{5-6}$$

式中,U_w 为水面以上 10 m 处的风速;U_s 为表面流速;C_w 为风漂移系数,一般在 0.03~0.04。风场数据从气象部门获得,而流场从二维水动力模型计算结果获得。

(3)水平扩散

假定水平扩散各向同性,一个时间步长内 α 方向上的可能扩散距离 S_α 可表示为

$$S_\alpha = [R]_{-1}^1 \cdot \sqrt{6D_\alpha \cdot t_p} \tag{5-7}$$

式中,$[R]_{-1}^1$ 为-1~1 的随机数;D_α 为 α 方向上的扩散系数;t_p 为扩散时间。

2)风化过程

粒子的风化包括蒸发、溶解和形成乳化物等过程,在这些过程中油粒子的组成发生改变。

(1)蒸发

油膜蒸发受油分、气温和水温、溢油面积、风速、太阳辐射和油膜厚度等因素的影响。假定在油膜内部扩散不受限制(气温高于 0℃以及油膜厚度低于 5~10 cm 时基本如此),油膜完全混合,油组分在大气中的分压与蒸气压相比可

忽略不计。

蒸发率可由式(5-8)表示：

$$N_i^e = k_{ei} \cdot \frac{P_i^{\text{SAT}}}{RT} \cdot \frac{M_i}{\rho_i} \cdot X \left[\frac{m^3}{m^2 s} \right] \tag{5-8}$$

式中，N 为蒸发率；k_{ei} 为物质输移系数；P_i^{SAT} 为蒸汽压；R 为气体常数；T 为温度；M 为分子量；ρ 为油组分的密度；i 为各种油组分；X 为溢油面积；m 为油膜厚度；s 为风速。

K_{ei} 可由式(5-9)估算：

$$k_{ei} = k \cdot A_{\text{oil}}^{0.045} \cdot Sc_i^{-2/3} \cdot U_w^{0.78} \tag{5-9}$$

式中，k 为蒸发系数；Sc_i 为组分 i 的蒸气 Schmidts 数。

(2) 乳化

(a) 形成水包油乳化物过程。油向水体中的运动机理包括溶解、扩散、沉淀等。扩散是溢油发生后最初几星期内最重要的过程。扩散是一种机械过程，水流的紊动能量将油膜撕裂成油滴，形成水包油的乳化。这些乳化物可以被表面活性剂稳定，防止油滴返回到油膜。在恶劣天气状况下最主要的扩散作用力是波浪破碎，而在平静的天气状况下最主要的扩散作用力是油膜的伸展压缩运动。油膜扩散到水体中的油分损失量由下式计算：

$$D = D_a \cdot D_b \tag{5-10}$$

式中，D_a 为进入水体的分量；D_b 为进入水体后没有返回的分量。

油滴返回油膜的速率为

$$\frac{\mathrm{d}V_{\text{oil}}}{\mathrm{d}t} = D_a \cdot (1 - D_b) \tag{5-11}$$

(b) 形成油包水乳化物的过程。油中含水率变化可以由以下平衡方程表示：

$$\frac{\mathrm{d}y_w}{\mathrm{d}t} = R_1 - R_2 \tag{5-12}$$

式中，R_1 和 R_2 分别为水的吸收速率和释出速率。

(3) 溶解

溶解率用下式表示：

$$\frac{\mathrm{d}V_{\text{dsi}}}{\mathrm{d}t} = Ks_i \cdot C_i^{\text{SAT}} \cdot X_{\text{mol}_i} \cdot \frac{M_i}{\rho_i} \cdot A_{\text{oil}} \tag{5-13}$$

式中，V_{dsi} 为油膜扩散体积；C_i^{SAT} 为组分 i 的溶解度；X_{mol_i} 为组分 i 的摩尔分数；M_i

为组分 i 的摩尔重量；ρ_i 为组分 i 的密度；Ks_i 为溶解质系数。

3) 沉降过程

在数学模型中，油污的沉降过程利用以下公式计算：

$$Set_v = \frac{(\rho_{\text{oil}} - \rho) \cdot d^2 \cdot g}{18\eta_{\text{water}}} \tag{5-14}$$

式中，Set_v 为沉降速率（m/s）；ρ 为水的密度（kg/m³）；ρ_{oil} 为油污的密度（kg/m³）；d 为油滴平均直径（m）；g 为重力加速度；η_{water} 为水的黏性 [kg/(m·s)]。

4) 动边界处理

依据陆-水边界线随潮水涨落而进退的实际背景，建立边界位置与瞬时水深 $D = \eta + h$ 的相关关系。当 D 小于等于 0 时，潮滩干出；反之，潮滩被淹没。这样，便可以判定某计算点在某瞬时是"干出"还是"淹没"。如果在某一节点上判定是干出的，那么就将这一节点从计算域中移出。然后，利用修改后的新的边界进行下一步迭代循环。对于原先干出的节点是否被淹没也需要加以判定，其判定的过程与干出的判定过程相反。如果判定某（干出的）节点已被淹没，则该节点重新加入计算域中。在计算实施过程中，为使连续方程和动量方程不失物理意义，一般取一较小的 D_0 值（如 $D_0 = 0.1$）作为 D 的判定值。

5.2   研究对象选择

环渤海地区处于东北亚经济圈的中心地带，是我国东北、华北与西北地区参与世界贸易的门户。近年来，随着海洋强国战略的深入实施，京津冀一体化快速协同发展，区域海洋开发强度持续提升，油品海上运输量不断加大，环渤海地区，特别是天津周边海域的船舶流量不断增加，海域通航环境日趋复杂，海上溢油事故风险不断增加。因此，迫切需要了解沉潜油的来源及其形成方式，以便提升海上溢油污染防治的水平。本书选取渤海及黄海大型港口区域天津港、大连港附近海域作为模拟对象，分析计算不同区域的沉潜油运动趋势，一方面有助于沉潜油的污染防治研究，另一方面也可为监管部门预警防范和控制污染事故损害提供科学依据，同时对于京津冀区域海洋污染防治及风险防范的成功至关重要，具有重要的科学价值与现实意义。

为了研究渤海湾和黄海海域的典型港口溢油过程对周围环境的影响，选取渤海湾西部和包括天津港、大连湾及大窑湾海域的码头航道作为研究对象，建立潮流溢油数学模型，考虑油污中重油组分的沉降过程，模拟油污的输移过程和影响范围。

5.3 自然条件

5.3.1 海域海岸地质地貌特征

（1）天津港海域

整个天津海域岸线基本上为人工岸线，从北至南依次分布北疆电厂、中心渔港、滨海旅游发展区、天津港、临港产业区、南港工业区等大型围海造陆工程。

该海区为典型淤泥质海岸，各条等深线基本沿平行岸线方向展布，近岸 -2 m 浅滩多被围垦成陆，$-10 \sim -2$ m 水下地形坡度约为 0.8‰，水下地形坡度较缓。

（2）大连湾海域

大连湾位于黄海北部辽东半岛南端，是一个半封闭型的天然海湾，三面为陆地所环抱，仅东南面与黄海相通，湾口有大三山岛和小三山岛等岛屿，中间通过大三山水道、小三山水道和三山水道连通外海。大连湾呈喇叭状，走向近乎为 NW—SE 向，湾口至湾顶纵向长达 15 km，湾口宽约 11.1 km，湾口朝向 SE 向。

大连湾岸线曲折，为典型的基岩港湾式海岸。大连湾海岸多为低缓丘陵，呈辐聚状伸向湾内，其中有和尚岛、棉花岛、老龙头、香炉礁、黑咀子等半岛将海湾分割成几个小海湾，从东向西分别为大孤山湾、红土堆子湾、甜水套湾和臭水套湾等。该湾周围无成型的河流，多为间歇性小溪，洪水期携带的物质堆积在入海口处，发育成扇形水下堆积体和沙嘴等堆积地貌。

湾内水下地形自西北向东南倾斜。20 m 等深线位于湾口西山头至黄白咀一线，10 m 等深线深入海湾中部，5 m 等深线靠近湾顶和尚岛至龙头山一线。0 m 和 20 m 等深线之间水下地形坡度约为 2‰，为水下平原地貌。湾口处水深从 20 m 左右急剧变为 30 m 以上，存在明显的陡坎地形。湾口外大三山水道和三山水道深槽水深超过 30 m，小三山水道深槽水深介于 20 m 和 30 m 之间。

从现场底质取样结果来看，湾内底质主要为粉砂和黏土质粉砂，因此大连湾为典型的基岩港湾型淤泥质海湾。

5.3.2 气象特征

(1)天津港海域

根据新港灯塔站(位于 10 m 等深线附近,38°56′N,117°59′E)1983 年 5 月至 1984 年 5 月和新港灯船站(38°57′N,117°55′E)1960—1969 年实测风资料统计分析,该海区常风向为 SW 向,累计出现频率为 12.41%,其次为 SE 向,累计出现频率为 12.00%;强风向为 NW 向,其中 4 级风以上出现频率为 3.22%,5 级风以上出现频率为 1.71%;次强风向为 E 向,其中 4 级风以上出现频率为 2.84%,5 级风以上出现频率为 1.15%。该站多年平均风速(频率加权)为 5.33 m/s。灯塔站实测风玫瑰图如图 5-2 所示。

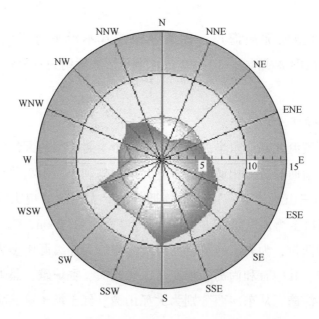

图 5-2　新港灯塔站 2001—2002 年实测风玫瑰图

(2)大连湾海域

根据大连气象站 1957—1968 年风资料统计可知,该站常风向为 N,出现频率为 19%;次常风向为 SE,出现频率为 12%;强风向为 N,最大风速达到 34 m/s,出现于冬、春季。

本海区主要受季风影响,风向具有明显的季节变化。10 月至翌年 3 月多为 N 向风,4—9 月多为 SE 向风。多年平均大风(≥8 级)天数为 70.4 天。大风天多出现在秋、冬、春三季,而夏季较少。10 月至翌年 4 月,大风天最多,平均为 51.1

天，5—9月较少，平均为14天，6—8月仅为5.7天，仅占全年的8%。

5.3.3 波浪

（1）天津港海域

根据天津港灯塔站（38°56′N，117°59′E，10 m 等深线附近）1983 年 5 月至 1984 年 5 月风浪资料的统计分析可知（图 5-3），天津港海区波浪相对较弱，波浪以风浪为主，频率为 68.4%；混合浪为辅，频率为 31.0%；纯涌浪频率很小，仅为 0.6%。本海域常浪向为 S 向，频率为 10.6%，次常浪向为 SSE、SE 和 NW 向，频率分别为 8.9%、8.4% 和 8.4%；强浪向为 NNW 向，次强浪向为 NW、E 和 ENE 向。各级波高的分布率为 0~0.9 m 占 84.0%；1.0~1.4 m 占 10.7%；1.5~1.9 m 占 5.0%；不小于 2.0 m 的波浪出现频率为 0.3%。

就计算区域所在位置而言，W—N 向为陆地，因此 W—N 向风为离岸风，W—N 向浪影响较小，NE—S 向浪对本区域的影响较显著。

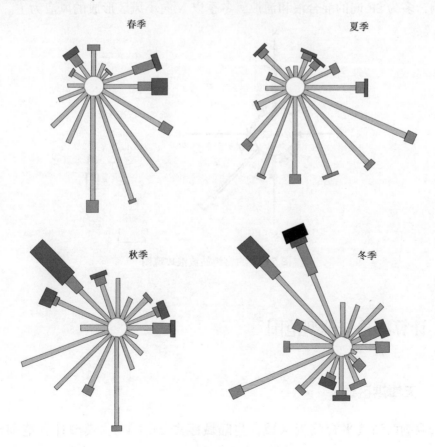

图 5-3　天津港海区各季波浪玫瑰图

（2）大连湾海域

根据大连港港口局 1983 年在和尚岛 SE 方向离岸 891 m 处（水深 8~9 m）临时测波站一年的波浪观测资料分析，常浪向为 SSE 向，频率为 14.31%；次常浪向为 NNW、SE 向，频率分别为 13.0%、9.28%；强浪向为 SE 向，实测最大波高为 2.2 m。

大连湾三面环山，湾口朝向 SE 向，湾口处有三山岛掩护，因此湾内掩护条件较好，湾内波浪不强。大连湾内受 SE—S 向波浪影响较大，N 向浪以小风区风成浪为主，波高较小；规划航道位于大连湾西部，对其影响较大的波浪以 SE 向和 SSE 向波浪为主。

根据大连大窑湾临时测波站 1985 年 6 月至 1986 年 5 月的波浪观测资料分析（图 5-4）可知，常浪向为 SE 向，出现频率为 29.13%；次常浪为 N 向，出现频率为 15.03%。ESE—S 向波浪出现频率合计占 51.87%。强浪向 SE 向，最大波高 6.3 m，波高小于 0.5 m 的波浪占 87.24%，波高大于 1.6 m 的波浪仅占 0.42%，各向平均波高为 0.3~0.7 m，因此本海域波浪总体较小。夏季受季风和外海波浪的影响，多为 SE 向的混合浪和涌浪，冬季以 N 向小风区形成的风浪为主。

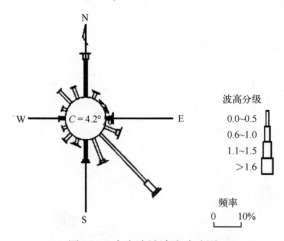

图 5-4　大窑湾站波浪玫瑰图

5.4　计算网格与模型范围

5.4.1　天津港区域

选取渤西油气平台临近区域，与陆域距离 21.1 km，模型计算范围东边界至 118°34′38″E，南北距离约 111 km。模型计算网格采用不规则三角网格，对排污口区域进行局部加密，模拟区域三角网格节点数有 11 955 个，三角形个数为 23 231 个。

5.4.2 大连港区域

为保证局部流场计算符合潮流场的整体物理特征，将长兴岛和大连湾、大窑湾分别建立模型并进行验证。图 5-5 为长兴岛潮流数学模型范围，共 9 030 个网格节点，采用三角网格可以很好地拟合复杂岸线和建筑物边界，在港口建筑物附近和航道区域可以任意局部加密，包含整个渤海海域。

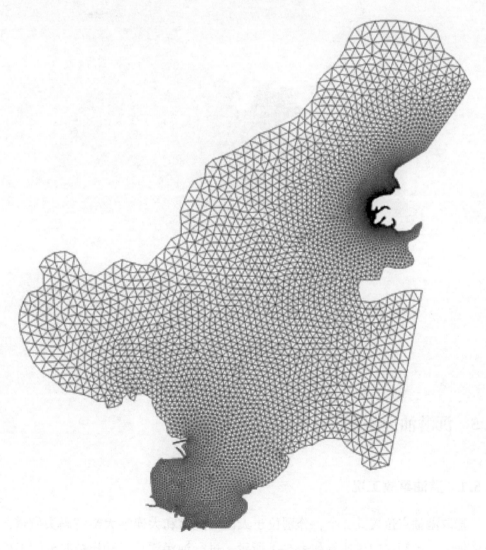

图 5-5　长兴岛潮流数学模型范围

大连湾-大窑湾潮流数学模型计算域西起旅顺老铁山，东至长山岛附近，南北距离约 127 km，东西距离约 110 km。计算域部分采用三角网格，可以很好地拟合复杂岸线和建筑物边界，在港口建筑物附近和航道区域可以任意局部加密。模型相邻网格节点最大空间步长 2 000 m，最小空间步长 10 m，计算时间步长从 0.1~0.5 s 自适应调节。大连湾-大窑湾潮流数学模型网格范围如图 5-6 所示。

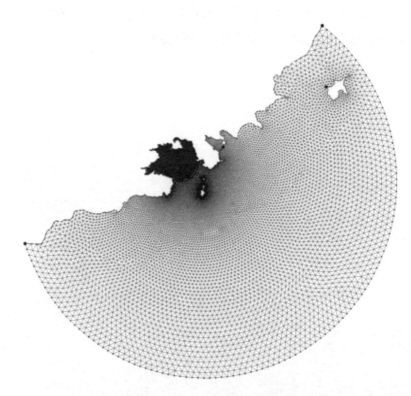

图 5-6　大连湾-大窑湾潮流数学模型网格范围

5.5　沉潜油运动规律分析

5.5.1　溢油事故工况

选取溢油点位置共 2 个，分别位于天津港航道和大连港大窑湾码头航道，具体溢油量、不利风向风速等如表 5-1 所示。进行油污漂移运动模拟时分别考虑涨急和落急两种情况，共计 8 组计算工况。

表 5–1　天津港–大连港大窑湾码头区域沉潜油模拟方案

点位名称	位置坐标	溢油量/t	油种	溢油时间	不利风向风速
天津港航道	38°46′58.77″N 118°12′16.74″E	100	原油	涨急	风向 S，极端风速 5.3 m/s
		100		落急	
		500		涨急	
		500		落急	
大连港 大窑湾 码头航道	38°55′7.04″N 121°57′1.05″E	100	原油	涨急	风向 NEE，极端风速 5.8 m/s
		100		落急	
		500		涨急	
		500		落急	

5.5.2　沉潜油分析结果

（1）天津港（溢油量 100 t，S 向风，风速 5.3 m/s）

当天津港 100 t 溢油事故发生在涨潮时刻时，溢油事故发生 10.5 h 后有油污沉降至海底，12.17 h 后沉降完成。在东西向涨落潮流的作用下，油污整体上呈东西向摆动。72 h 油污的扫海面积为 66.9 km²，沉降油污影响面积为 26.8 km²。

当天津港 100 t 溢油事故发生在落潮时刻时，溢油事故发生 8.33 h 后有油污沉降至海底，9.5 h 后沉降完成。在东西向涨落潮流的作用下，油污整体上呈东西向摆动。72 h 油污的扫海面积为 59.8 km²，沉降油污影响面积为 31.0 km²。天津港 100 t 溢油结果统计如表 5–2 所示。

表 5–2　天津港 100 t 溢油结果统计

潮流	沉降至海底时间/h	沉降完成时间/h	油污组分沉降量/t	油污沉降面积/km²	扫海面积/km²
涨急	10.5	12.17	20.0	26.8	66.9
落急	8.33	9.5	20.0	31.0	59.8

（2）天津港（溢油量 500 t，S 向风，风速 5.3 m/s）

当天津港 500 t 溢油事故发生在涨潮时刻时，溢油事故发生 10.33 h 后有油污沉降至海底，11.83 h 后沉降完成。在东西向涨落潮流的作用下，油污整体上呈东西向摆动。72 h 油污的扫海面积为 66.0 km²，沉降油污影响面积为 25.4 km²。

当天津港 500 t 溢油事故发生在落潮时刻时，溢油事故发生 8.33 h 后有油污沉降至海底，9.33 h 后沉降完成。在东西向涨落潮流的作用下，油污整体上呈东西向摆动。72 h 油污的扫海面积为 61.2 km²，沉降油污影响面积为 31.0 km²。天津港 500 t 溢油结果统计如表 5-3 所示。

表 5-3 天津港 500 t 溢油结果统计

潮流	沉降至海底时间/h	沉降完成时间/h	油污组分沉降量/t	油污沉降面积/km²	扫海面积/km²
涨急	10.33	11.83	142.3	25.4	66.0
落急	8.33	9.33	99.8	31.0	61.2

（3）大连港大窑湾（溢油量 100 t，NEE 向风，风速 5.8 m/s）

当大连港大窑湾 100 t 溢油事故发生在涨潮时刻时，溢油事故发生 29.83 h 后有油污沉降至海底，33.5 h 后沉降完成。在东西向涨落潮流的作用下，油污整体上呈东西向摆动。72 h 油污的扫海面积为 104.8 km²，沉降油污影响面积为 43.6 km²。

当大连港大窑湾 100 t 溢油事故发生在落潮时刻时，溢油事故发生后 31.1 h 有油污沉降至海底，32.8 h 后沉降完成。在东西向涨落潮流的作用下，油污整体上呈东西向摆动。72 h 油污的扫海面积为 108.6 km²，沉降油污影响面积为 30.6 km²。大连港大窑湾 100 t 溢油结果统计如表 5-4 所示。

表 5-4 大连港大窑湾 100 t 溢油结果统计

潮流	沉降至海底时间/h	沉降完成时间/h	油污组分沉降量/t	油污沉降面积/km²	扫海面积/km²
涨急	29.83	33.5	20.0	43.6	104.8
落急	31.1	32.8	20.0	30.6	108.6

（4）大连港大窑湾（溢油量 500 t，NEE 向风，风速 5.8 m/s）

当大连港大窑湾 500 t 溢油事故发生在涨潮时刻时，溢油事故发生 29.7 h 后有油污沉降至海底，34.0 h 后沉降完成。在东西向涨落潮流的作用下，油污整体上呈东西向摆动。72 h 油污的扫海面积为 104.8 km²，沉降油污影响面积为 43.9 km²。

当大连港大窑湾 500 t 溢油事故发生在落潮时刻时，溢油事故发生后 31.1 h 有油污沉降至海底，33.1 h 后沉降完成。在东西向涨落潮流的作用下，油污整体上呈东西向摆动。72 h 油污的扫海面积为 108.7 km²，沉降油污影响面积为

30. 4 km^2。大连港大窑湾 500 t 溢油结果统计如表 5-5 所示。

表 5-5 大连港大窑湾 500 t 溢油结果统计

潮流	沉降至海底时间/h	沉降完成时间/h	油污组分沉降量/t	油污沉降面积/km^2	扫海面积/km^2
涨急	29. 7	34. 0	100. 1	43. 9	104. 8
落急	31. 1	33. 1	100. 1	30. 4	108. 7

5.5.3 主要规律

为了分析船舶在航行状态下可能发生的溢油过程对周围海洋环境，特别是考虑油品的沉降过程，为海洋环境影响分析提供科学依据，本章分别模拟天津港、大连港大窑湾航道内船舶溢油对周边环境的影响。在经过验证的潮流数学模型的基础上，构建可以考虑油污挥发、溶解、乳化、分散和沉降过程的溢油数学模型，在方案设计的溢油点位置、溢油量和风速条件下，得出油污中重油组分的沉降过程对油污漂移扩散具有很大的影响，天津港和大连港海域油污的重油组分在溢出后 36 h 内即完成沉降，大大减少了漂浮或者悬浮于水中的时间，进而缩小了扫海面积，便于海洋污染清理和整治。

第6章　典型海域溢油海面扩散运动案例分析

6.1　研究手段

6.1.1　研究技术方法

本章主要利用 Oilmap 模型进行海面溢油的迁移运动规律分析计算。1984 年，McCay Deborah French 开始将溢油模型用于自然资源损害评估（NRDA），美国科学应用国际公司（Science Applications International Corp，SAIC）将该溢油模型发展成为一个集成了 GIS 功能的溢油应急系统，包含溢油轨迹和归宿模型，此后 Oilmap 模型在溢油风险评估方面有了较多应用。McCay Deborah French 利用 Oilmap 溢油模型对"埃克森·瓦尔迪兹"号溢油事故进行模型验证工作。

Oilmap 溢油轨迹和归宿模型也被集成进 ASA 的 SIMAP 溢油生态影响评估模型中，并应用在溢油对水生生态的毒性效应影响评估中。

6.1.2　运行机理

利用 Oilmap 模型预测油膜的水面漂移轨迹，同时油膜风化过程遵守质量守恒定律。Oilmap 通过输入的泄漏类型、泄漏地点、泄漏时间等溢油事故信息以及风场、流场等各类环境数据，结合采取的溢油应急措施，计算溢油的运动轨迹和归宿。

（1）轨迹模型

Oilmap 的轨迹模型将泄漏的油品概化为具有质量的油粒子，每个油粒子代表泄漏油品总量的相应分数。模型的油膜漂移算法考虑了风力、水流、浪和密度流对浮油的联合作用，推流过程采用拉格朗日粒子追踪方法计算，扩散过程采用随机游动方法计算。粒子的漂移速率 U_{oil} 方程如下。

$$U_{\text{oil}} = U_w + U_t + U_r + \alpha U_e + \beta U_p \tag{6-1}$$

式中，U_w 为由风力和浪作用产生的速度分量（m/s）；U_t 为水流作用产生的速度分量（m/s）；U_r 为余流（如密度流）作用产生的速度分量（m/s）；U_e 为埃克曼流作用产生的速度分量(m/s); U_p 为喷射流作用产生的速度分量(m/s); α 为参数,漂浮粒子取 0,水面下粒子取 1; β 为参数,非喷射型泄漏取 0,喷射型泄漏取 1。

(2)归宿模型

Oilmap 的归宿模型用于计算溢油风化过程的结果,风化过程包括延展、蒸发、水体携带、乳化和岸线吸附。计算过程遵守质量守恒定律,涵盖了存在于水面、水体和底质、大气、吸附在岸线上的以及人工围控和清除的溢油。

6.2　分析对象选择

山东港口烟台港地处山东半岛东端黄海之滨,扼渤海,拱京津,邻国际主航道,连接东三省、环渤海与长三角、珠三角等最活跃经济带之海上交通要冲,背靠京津鲁冀经济发达区域,隔海与日本、韩国相望,占据东北亚国际经济圈核心地带,是中国大陆沿海 25 个主枢纽港、中国"一带一路"倡议 15 个支点港口城市、全国首批 14 个沿海开放城市、中国古代北方三大枢纽港(烟台、天津、营口)之一。

2019 年 8 月,烟台港与青岛港、日照港、渤海湾港成为山东省港口集团权属四大港口集团之一。目前,烟台港形成以芝罘湾港区、西港区、龙口港区、蓬莱港区、莱州港区等为主体,以渤海湾南岸物流通道为支撑,以几内亚博凯港、金波港为海外支点的现代化港口集群。现有各类泊位 126 个,其中万吨级以上深水泊位 83 个,码头岸线总长 25 708 m,铁路专用线 64.4 km²,库场总面积972 万 m²。

2021 年,烟台港完成吞吐量 3.67 亿 t,完成集装箱 365 万国际标准箱(TEU),连续多年保持全国铝矾土进口第一港、化肥进出口第一港地位。能源一体化运营体系、中国—几内亚铝矾土全程物流体系、环渤海集装箱中转巴士、巴西淡水河谷矿石混配体系、商品车出口基地、FOB 烟台化肥出口价格体系等驰名中外。

芝罘湾港区是烟台港的发展起源地和现有的核心港区,位于烟台市核心城区北部,主营集装箱、客货滚装和散杂货等业务。按照《烟台港总体规划(2016—2030 年)》,芝罘湾港区码头岸线总长 10.4 km,陆域总面积 6.3 km²,可整合形成各类码头泊位 35 个,年综合通过能力 640 万 TEU、450 万辆、810 万人。随着城市化改造的推进和烟台港西港区的开发建设,芝罘湾港区将加快港口功能调整,未来所有散杂货业务将完成向西港区转移。芝罘湾港区将发展成为与核心城市经济、环境发展相协调的，以集装箱、客货滚装运输、商品车物流和国际邮轮业务为主的现代化港区。

烟台芝罘湾港区属于综合性港区，泊位数量较多，运输货物种类差别较大，港区周边还有自然保护区、海洋特别保护区、国家级水产种质资源保护区等生态敏感目标。因此本章将芝罘湾港区作为海面溢油扩散分析的对象。

6.3 区域概况

6.3.1 气候气象条件

烟台市属于中纬度暖温带东亚季风区大陆性气候。四季分明，季风进退明显。春季降水少，风多，蒸发量大；夏季湿热；秋季凉爽，雨水少；冬季干冷。

烟台气象站位于 37°29′N，121°26′E，台站类别属一般站。该气象站距离本项目地点较近，气象资料具有较好的适用性。烟台 1998—2017 年最大风速为 23.8 m/s(2007 年)，极端最高气温和极端最低气温分别为 38.4℃(1998 年)和 -12.1℃(2006 年)，年最大降水量为 988.5 mm(1998 年)。烟台气象站 2001—2020 年主要气候要素统计如表 6-1 所示，各风向频率如表 6-2 所示，各风向频率玫瑰图如图 6-1 所示。

表 6-1　烟台气象站 2001—2020 年主要气候要素统计

项目	1月	2月	3月	4月	5月	6月	7月	8月	9月	10月	11月	12月	全年
平均风速/(m/s)	3.4	3.4	3.5	3.5	3.3	2.8	2.7	2.5	2.9	3.2	3.5	3.6	3.2
平均气温/℃	-0.5	1.3	5.9	12.7	18.1	22.4	25.2	25.2	22.0	16.0	8.8	2.4	13.3
平均相对湿度/(%)	60	57	54	52	72	68	78	80	69	61	61	60	64
降水量/mm	13.1	13.9	21.1	31.0	56.8	67.7	161.3	149.8	55.1	33.6	25.0	21.5	650.0
日照时长/h	160.0	170.7	212.8	254.3	258.9	240.0	214.7	220.1	227.1	220.2	179.6	127.2	2 485.7

表 6-2　烟台气象站 2001—2020 年各风向频率

	N	NNE	NE	ENE	E	ESE	SE	SSE	S	SSW	SW	WSW	W	WNW	NW	NNW
平均频率	6.6	5.0	4.6	5.5	2.4	3.3	3.0	3.0	3.7	9.2	8.6	9.5	4.2	5.2	5.0	8.5

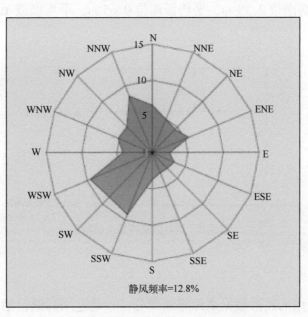

图 6-1 烟台 2001—2020 年各风向频率玫瑰图

全年主导风向为 WSW 向，平均气温为 13.3℃，总的趋势是西部高于东部，北部高于南部，沿海高于内陆。平均降水量为 650.0 mm。降水的季节分配差异显著，干湿明显，春季降水量平均为 155 mm 左右，约占降水量的 24%，易发生春旱；夏季降水量较多，冬季降水量稀少，平均 48 mm 左右。年蒸发量一般在840 mm 左右，冬季一般为 45~65 mm（沿海稍多于内陆），是蒸发量最少的季节，春季一般为 200~250 mm，是全年蒸发量最大的季节。日照时长全年为 2 485.7 h，5 月日照时长达 258.9 h，12 月仅有 127.2 h。

烟台市的灾害性天气比较频繁，主要有旱、涝、大风、台风、暴雨等。旱涝是主要的灾害性气象因素，旱涝的比例是 2∶1。大风也是烟台市四季均较常见的一种灾害性天气，年平均 8 级以上大风天数为 42.7 天，一般大风天气北部多于南部、沿海多于内陆。台风影响烟台市的次数平均每年 1.5 次，7—9 月是台风比较集中的季节。

6.3.2 海洋水文条件

1）潮位特征值

烟台港潮汐及水位特征如图 6-2 所示。海区潮汐性质属于正规半日潮，其$K=(HK1+H0H)/HM2=0.33$，潮汐特征值为：最高高潮位 4.03 m，最低低潮位

−0.87 m；平均高潮位 2.29 m，平均低潮位 0.65 m；平均潮差 1.64 m，平均海平面 1.47 m。

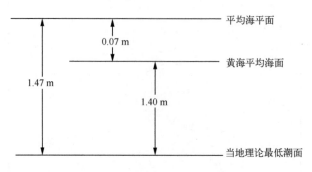

图 6-2　烟台港潮汐及水位特征

2）波浪

本章中所采用的波浪数据来源有两部分：一是芝罘岛潮位站 1991—2011 年的实测资料，观测点位于 37°36′N，121°26′E，仪器海拔高度 75.9 m，测波点水深 −17.3 m；二是烟台港北口门潮位站的资料，观测点位于 37°33′N，121°23′E，仪器海拔高度 20.9 m，测波点水深 −5.5 m。两站所测资料经统计所得的数据分别代表了烟台港外海及拟建港区附近的波浪情况。

（1）芝罘岛潮位站多年资料统计结果

常波向为 NW 向和 NNW 向，出现频率分别为 9.08% 和 7.65%，强波向为 NNW 向和 N 向，两个方向 $H_4\%$ 大于 2.0 m 的波浪出现频率分别为 1.90% 和 1.19%。

（2）烟台港多年资料统计

由于受芝罘岛与崆峒岛的掩护，湾内波浪较小，无浪出现频率高达 70.16%，常波向和强波向均为 NE 向。年各方向 $H_4\%$ 为 0.1～0.8 m 的波浪出现频率为 27.54%，$H_4\%$ 不小于 0.9 m 的波浪出现频率仅为 2.29%。

NE 向波浪在传递过程中，受芝罘岛东角绕射和湾内地形折射的共同作用，波向 W 向偏转，同时波高减小。由于受地形和航道的共同影响，在传递过程中逐渐与航道走向趋于一致，在防波堤口门处波浪基本上顺着航道进入港内。

3）海流

受地形影响，该海域潮流运动的主要特征是涨潮流从湾口的北面芝罘东角和担子岛之间的水道进入，大致沿岸流向西南，流入芝罘湾内湾，并沿岸逆时针逐渐向南偏转，最后从崆峒岛和玉岱山之间的水道流出。落潮流流向与涨潮流流向相反。

4) 冰况

正常年份无海冰出现，1960—1979 年仅 6 年有冰情出现，6 年中，海冰多出现于 1 月上旬至 2 月下旬。特殊年份如 1969 年曾出现特大冰情，冰厚为 5~15 cm。一般年份由于海冰冰期短、冰量少、消失快，对港口营运无影响。

5) 地形地貌

(1) 周边地形地貌

芝罘湾南岸为胶东丘陵，西岸是芝罘岛连岛沙坝，北岸为芝罘岛，湾口有崆峒岛。湾内海底平缓，向东倾斜，并以东、北水道与黄海相连。芝罘湾低潮线以下，海底地貌自西向东倾斜。根据底质水深特点，结合水动力条件分析，其湾内海底地貌可归纳为：水下暗坡、浅海平原以及水下洼地，其底质为细砂和粉砂。

(2) 周边地质

烟台市位于胶辽断块-胶北隆起及胶莱断陷上，地质构造复杂，区内出露的主要地层为古老变质岩系，在断陷盆地中分布着少量中生界、新生界。岩浆活动剧烈，以元古代酸性花岗岩及中生代燕山期中酸性岩浆活动剧烈。区内分布有栖霞复背斜，近东西向，由胶东群组成。断裂以牟平-即墨断裂带最为发育，它是由相互平行、间距（10 km）近似相等的 4 条断裂组成，此断裂带长达百公里以上，斜贯市境，走向 40°~50°，倾角 60°~70°，显压扭性，为一长期活动断裂。此外，尚有近南北向、东西向、北西向断裂，此断裂对地震及矿产起着控制作用。

芝罘湾南岸为山区丘陵地带，附近地质岩性单一，为块状长石石英变质岩，岩层及陆相沉积层向芝罘湾内逐渐变深；西岸为海积平原，由中砂及细砂组成，厚度约为 10 m。

(3) 工程地质

区域内各岩土层分布较规律，在勘察深度范围内，自上而下主要有海相沉积层（淤泥质粉质黏土混砂、粉质黏土、粉细砂）、陆相沉积层（中粗砂、粉质黏土、粉质黏土）和基岩层（全风化岩、强风化岩）。

6.4 溢油海面扩散情景模拟

6.4.1 溢油基本信息

分别选取芝罘湾港区船舶污染事故的多发区作为预测模拟的事故地点，选取四突堤 66 号泊位作为操作性船舶污染事故模拟地点，选取北航道与西航道交汇处作为海难性船舶污染事故地点，溢油事故模拟基本信息如表 6-3 所示。

表 6-3　溢油事故模拟基本信息

溢油点	位置坐标	油种	溢油量/t	溢油时间	夏季风	冬季风	最不利风向
码头前沿	37°34.980′N 121°23.310′E	燃料油	10	3 min	风向 SW 3 m/s	风向 NNW 4 m/s	风向 W 4m/s
航道交汇处	37°34.678′N 121°25.105′E	燃料油	500	1 h	风向 SW 3 m/s	风向 NNW 4 m/s	风向 WNW 4 m/s

6.4.2 溢油情景设定

本次分别对操作性事故及海难性事故进行模拟，选取各类型事故在冬季主导风、夏季主导风、不利风向情况下的涨、落潮的溢油扩散效果，共 12 组情景，预测时长为 72 h，模拟参数如表 6-4 所示。

表 6-4　典型水上溢油事故情形模拟参数

泄漏位置	油种和溢油量	典型风向	风速	潮型/内河径流
码头前沿	风险识别确定的代表性油种；可能最大水上溢油事故的溢油量	冬季主导风	冬季主导风平均风速	涨潮/丰水期
				落潮/枯水期
		夏季主导风	夏季主导风平均风速	涨潮/丰水期
				落潮/枯水期
航道交汇处		不利风向	不利风速	涨潮/丰水期
				落潮/枯水期

6.4.3 溢油情景模拟

燃料油泄漏到水体中，漂在水面上，除了受潮流的影响外，受风况的影响也

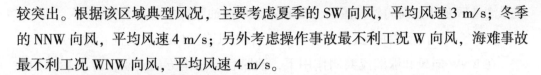

较突出。根据该区域典型风况，主要考虑夏季的 SW 向风，平均风速 3 m/s；冬季的 NNW 向风，平均风速 4 m/s；另外考虑操作事故最不利工况 W 向风，海难事故最不利工况 WNW 向风，平均风速 4 m/s。

1) 码头前沿小型溢油事故

(1) 夏季风向涨潮情景（风向：SW；平均风速：3 m/s；时间：24 h）

由于码头岸线流速较小，风场起主要作用，油膜在夏季主导风向 SW 向风的作用下，1 h 后在码头贴岸。

(2) 夏季风向落潮情景（风向：SW；平均风速：3 m/s；时间：24 h）

由于码头岸线流速较小，风场起主要作用，油膜在夏季主导风向 SW 向风的作用下，1 h 后在码头贴岸。

(3) 冬季风向涨潮情景（风向：NNW；平均风速：4 m/s；时间：24 h）

油膜在 NNW 向风和涨潮流共同作用下，8 h 后到达烟台山国家级海洋公园，11 h 后全部在烟台山国家级海洋公园附近岸线贴岸，贴岸长度 400 m。24 h 后约有 14% 的油膜进入大气中。

(4) 冬季风向落潮情景（风向：NNW；平均风速：4 m/s；时间：24 h）

油膜在 NNW 向风和落潮流共同作用下，7 h 后到达烟台山国家级海洋公园，9 h 后开始在烟台山国家级海洋公园附近岸线贴岸，11 h 后全部贴岸，贴岸长度约 450 m。24 h 后约有 13% 的油膜进入大气中。

(5) 不利风向涨潮情景（风向：W；平均风速：4 m/s；时间：24 h）

油膜在 W 向风和涨潮流共同作用下向东运动，2 h 到达芝罘湾北部筏式养殖区，穿越养殖区 8 h 后到达烟台崆峒列岛省级海洋自然保护区并开始有油膜贴岸，19 h 后出保护区，向外海漂移。

(6) 不利风向落潮情景（风向：W；平均风速：4 m/s；时间：24 h）

油膜在 W 向风和落潮流共同作用下向东运动，3 h 后到达芝罘湾北部筏式养殖区，然后朝着东偏北方向向外海漂移。

2) 航道交汇处大型溢油事故

(1) 夏季风向涨潮情景（风向：SW；平均风速：3 m/s；时间：72 h）

在 SW 向风和涨潮流共同作用下，油膜朝着芝罘湾港区东北方向向外海漂移，72 h 后 28% 的油膜挥发进入大气中。

(2) 夏季风向落潮情景（风向：SW；平均风速：3 m/s；时间：72 h）

在 SW 向风和落潮流共同作用下，油膜首先朝着南偏东方向运动，随后朝着芝罘湾港区东北方向向外海漂移，72 h后28%的油膜挥发进入大气中。

（3）冬季风向涨潮情景（风向：NNW；平均风速：4 m/s；时间：72 h）

在NNW向风和涨潮流共同作用下，油膜朝着东南方向运动，27 h后开始在莱山海洋牧场保护区贴岸；72 h后有54%的油膜贴岸，贴岸长度约1.5 km；有20%的油膜进入大气中。

（4）冬季风向落潮情景（风向：NNW；平均风速：4 m/s；时间：72 h）

在NNW向风和落潮流共同作用下，油膜朝着东南方向运动，9 h后开始在莱山海洋牧场保护区贴岸；72 h后有56%的油膜贴岸，贴岸长度约900m；有20%的油膜进入大气中。

（5）不利风向涨潮情景（风向：WNW；平均风速：4 m/s；时间：72 h）

在WNW向风和涨潮流共同作用下，油膜朝着东向的烟台崆峒列岛省级海洋自然保护区漂移，8 h到达保护区，随后油膜向北运动，15 h后离开保护区；然后在涨、落潮的交替作用下，循环往复向东南方向运动，漂向外海55 h后出现油膜贴岸；72 h后有22%的油膜挥发进入大气，其余全部贴岸。

（6）不利风向落潮情景（风向：WNW；平均风速：4 m/s；时间：72 h）

在WNW向风和落潮流共同作用下，油膜朝着东向的烟台崆峒列岛省级海洋自然保护区漂移，13 h后到达保护区附近；然后油膜朝着东南方向漂向外海，56 h后出现油膜贴岸；72 h后有22%的油膜挥发进入大气，其余全部贴岸。

6.5 溢油海面扩散运动规律分析

1）码头前沿小型溢油事故

码头前沿小型溢油事故油膜扩散模拟的相关数据和结果如表6-5所示，各情景下溢油对周边环境和敏感资源的影响评价如表6-6所示。由于码头前沿小型溢油事故多发区为码头前沿，本次评估对象所处地形便于围控。

表6-5 码头前沿小型溢油事故溢油模拟结果

情景	潮期	事故发生后时间/h	漂移距离/km	扩散面积/km²	油膜黏度/cST	油膜中心厚度/m	油膜贴岸长度/km
夏季风SW向	涨、落潮期	1（结束）	—	—	2 408.5	0.010 88	0.05

续表

情景	潮期	事故发生后时间/h	漂移距离/km	扩散面积/km²	油膜黏度/cST	油膜中心厚度/m	油膜贴岸长度/km
冬季风NNW向	涨潮期	2	0.97	0.1	43 229.2	0.000 98	0
		6	1.74	0.1	72 978.4	0.000 99	0
		11(结束)	6.72	0.0	94 571.2	0.001 00	0.45
	落潮期	2	0.89	0.1	43 408.3	0.000 98	0
		6	2.85	0.1	73 531.5	0.000 99	0
		11(结束)	4.37	0.0	95 587.7	0.001 00	0.4
最不利风W向	涨潮期	2	1.04	0.1	14 454.8	0.000 98	0
		6	4.02	0.2	25 232.1	0.000 99	0
		12	9.8	0.6	36 551.0	0.001 00	0
		24	20.1	1.3	53 658.1	0.001 00	0
	落潮期	2	0.98	0.1	14 454.8	0.000 98	0
		6	2.34	0.2	25 232.1	0.000 99	0
		12	7.68	0.5	36 496.3	0.001 00	—
		24	17.84	0.7	53 121.1	0.001 00	—

表 6-6　码头前沿小型溢油事故溢油结果影响评价

情景	潮期	对水环境的影响分析
夏季风SW向	涨、落潮期	由于码头岸线流速较小,风场起主要作用,油膜在夏季主导风向 SW 向的作用下,1 h 后在码头贴岸
冬季风NNW向	涨潮期	油膜在 NNW 向风和涨潮流共同作用下,8 h 后到达烟台山国家级海洋公园,11 h 后全部在烟台山国家级海洋公园附近岸线贴岸,贴岸长度 400 m。24 h 后约有 14% 的油膜进入大气中
	落潮期	油膜在 NNW 向风和落潮流共同作用下,7 h 后到达烟台山国家级海洋公园,9 h 后开始在烟台山国家级海洋公园附近岸线贴岸,11 h 后全部贴岸,贴岸长度约 450 m。24 h 后约有 13% 的油膜进入大气中
最不利风W向	涨潮期	油膜在 W 向风和涨潮流共同作用下向东运动,2 h 后到达芝罘湾北部筏式养殖区,穿越养殖区 8 h 后到达烟台崆峒列岛省级海洋自然保护区并出现贴岸,19 h 后出保护区,向外海漂移
	落潮期	油膜在 W 向风和落潮流共同作用下向东运动,3 h 后到达芝罘湾北部筏式养殖区,然后朝着东偏北方向向外海漂移

2)航道交汇处大型溢油事故

航道交汇处大型溢油事故油膜扩散模拟的相关数据和结果如表 6-7 所示,各情景下溢油对周边环境和敏感资源的影响评价如表6-8所示。由于航道交汇处大型溢油事故多发区为进出港航道交汇处，由模拟结果可知，在最不利风向和潮流场的共同作用下，油膜最快8 h后开始影响烟台崆峒列岛省级海洋自然保护区，其他情景都是朝着外海漂移；且由于泄漏油品为船舶燃料油，油品黏度大，挥发量相对较少。综合来看，应对海难性船舶污染事故的工作重点是溢油的围控和海面油膜的回收。

表 6-7　航道交汇处大型溢油事故溢油模拟结果

情景	潮期	事故发生后时间/h	漂移距离/km	扩散面积/km²	油膜黏度/cST	油膜中心厚度/m	油膜贴岸长度/km
夏季风SW向	涨潮期	2	1.07	0.1	5 590.7	0.004 04	0
		6	4.79	0.7	10 741.0	0.002 62	0
		12	9.81	2.1	17 510.2	0.001 92	0
		18	14.83	3.7	23 712.7	0.001 58	0
		24	18.65	5.0	29 566.5	0.001 37	0
		48	35.10	8.8	50 935.0	0.001 00	0
		72	51.02	13.8	68 253.1	0.001 00	0
	落潮期	2	0.67	0.1	5 590.7	0.004 04	0
		6	2.08	0.4	10 741.0	0.002 62	0
		12	7.29	0.5	17 510.2	0.001 92	0
		18	12.87	1.9	23 712.7	0.001 58	0
		24	16.56	1.9	29 566.5	0.001 37	0
		48	32.89	5.8	50 935.0	0.001 00	0
		72	48.37	11.8	68 253.1	0.001 00	0
冬季风NNW向	涨潮期	2	0.81	0.1	6 191.0	0.004 02	0
		6	2.18	0.2	12 109.7	0.002 61	0
		12	9.21	0.4	19 828.2	0.001 91	0
		18	15.19	0.7	26 883.9	0.001 57	0
		24	16.71	1.0	33 536.1	0.001 37	0
		48	16.93	0.2	59 628.2	0.001 00	0.77
		72	17.12	0.1	79 951.4	0.001 00	1.5
	落潮期	2	1.8	0.1	6 191.0	0.004 02	0
		6	6.25	0.2	12 109.7	0.002 61	0
		12	7.52	0.1	20 092.6	0.001 80	0.74
		18	6.96	0.1	28 096.0	0.001 37	0.91
		24	10.62	0.1	35 881.3	0.001 14	0.91
		48	11.77	0.1	62 418.0	0.001 00	0.91
		72	11.8	0.2	82 186.6	0.001 00	0.91

续表

情景	潮期	事故发生后时间/h	漂移距离/km	扩散面积/km²	油膜黏度/cST	油膜中心厚度/m	油膜贴岸长度/km
最不利风 WNW 向	涨潮期	2	0.98	0.1	6 191.5	0.004 02	0
		6	4.45	0.2	12 110.9	0.002 61	0
		12	11.37	0.5	19 830.2	0.001 91	0
		18	15.08	1.0	33 540.0	0.001 57	0
		24	21.94	1.0	33 540.0	0.001 37	0
		48	41.04	3.1	57 795.1	0.001 00	0
		72	51.79	2.9	77 384.2	0.001 00	4.21
	落潮期	2	1.7	0.1	6 191.5	0.004 02	0
		6	6.41	0.2	12 110.9	0.002 61	0
		12	8.66	0.5	19 830.2	0.001 91	0
		18	14.93	1.0	33 540.0	0.001 57	0
		24	17.22	0.8	33 540.0	0.001 37	0
		48	37.69	2.9	57 795.1	0.001 00	0
		72	49.40	0	77 309.5	0.001 00	4.37

表 6-8　航道交汇处大型溢油事故溢油结果影响评价

情景	潮期	对水环境的影响分析
夏季风 SW 向风	涨潮期	在 SW 向风和涨潮流共同作用下，油膜朝着芝罘湾港区东北方向向外海漂移，72 h 后 28%的油膜挥发进入大气中
	落潮期	在 SW 向风和落潮流共同作用下，油膜首先朝着南偏东方向运动，随后朝着芝罘湾港区东北方向向外海漂移，72 h 后 28%的油膜挥发进入大气中
冬季风 NNW 向	涨潮期	在 NNW 向风和涨潮流共同作用下，油膜朝着东南方向运动，27 h 后开始在莱山海洋牧场保护区贴岸；72 h 后有 54%的油膜贴岸，贴岸长度约 1.5 km；有 20%的油膜进入大气中
	落潮期	在 NNW 向风和落潮流共同作用下，油膜朝着东南方向运动，9 h 后开始在莱山海洋牧场保护区贴岸；72 h 后有 56%的油膜贴岸，贴岸长度约 900 m；有 20%的油膜进入大气中
最不利风 WNW 向	涨潮期	在 WNW 向风和涨潮流共同作用下，油膜朝着东向的烟台崆峒列岛省级海洋自然保护区漂移，8 h 后到达保护区，随后油膜向北运动，15 h 后离开保护区；然后在涨、落潮的交替作用下，循环往复向东南方向运动，漂向外海 55 h 后出现油膜贴岸；72 h 后有 22%的油膜挥发进入大气，其余全部贴岸
	落潮期	在 WNW 向风和落潮流共同作用下，油膜朝着东向的烟台崆峒列岛省级海洋自然保护区漂移，13 h 后到达保护区附近；然后油膜朝着东南方向漂向外海，56 h 后出现油膜贴岸；72 h 后有 22%的油膜挥发进入大气，其余全部贴岸

第7章 海上溢油污染监测鉴别技术

7.1 监测技术

7.1.1 一般监测技术

目前，传统监测海面溢油的技术主要有两类：一类是基于光学的遥感技术，另一类是基于微波的遥感技术。其中，光学遥感技术有可见光、激光、红外、热红外等，但这些技术易受云、雾、雨等天气的影响，不能全时段地观测海面溢油。微波遥感技术主要以合成孔径雷达(Synthetic Aperture Radar, SAR)为主，不受天气的影响，具有全天候观测能力，但若要大范围、连续的观测海面溢油状况，需要非常高的监测成本，而且其观测模式往往是侧视扫描，因此成像存在大量噪点影响溢油监测精度。

GNSS-R技术(Global Navigation Satellite System-Reflection)是国内外遥感探测和导航技术领域研究热点，采用收发分置的双基配置，以全球共享的GNSS导航卫星作为信号发射源，通过架设在各种平台上的接收装置，实现对海上溢油目标的监测，具有大量信号源、覆盖全球、低成本、易于安装、无须专门设计大功率发射机等优点，且能够提供全天候、全时段连续监测。其原理是利用GNSS导航卫星的反射信号和直射信号，对目标探测进行遥感测量，之后提取反射信号中携带的目标探测表面的特性信息，从而应用于海上目标实时信息提取与监测。GNSS-R原理如图7-1所示。从电波传播的特征而言，卫星信号经过目标表面后，其散射信号的波形、极化方式、幅值大小、相位、时延及多普勒频移等都会发生变化，这些变化直接与探测表面的特征相关。因此，对散射信号进行接收与处理，可以完成对探测表面物理特征信息的反演和度量。

目前，GNSS-R检测海面溢油技术尚处于起步阶段，并不十分成熟，前期的研究主要集中于利用GPS-R技术(Global Positioning System-Reflection)来进行海面溢油检测，与国外的GPS(Global Positioning System)系统有所不同。我国自主研发的北斗卫星导航系统(BDS)由混合星座组成，不仅有中地球轨道的MEO

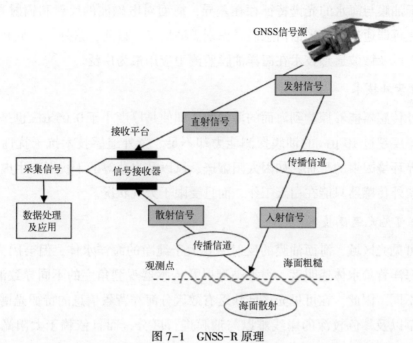

图 7-1　GNSS-R 原理

（Medium Earth Orbit）卫星、倾斜地球同步轨道的 IGSO（Inclined Geosynchronous Orbit）卫星，还有地球静止轨道的 GEO（Geostationary Earth Orbit）卫星。

目前，针对我国自主研发的 BeiDou 带有自身混合星座特点的反射信号的海面溢油检测研究尚少，且没有 BeiDou 海面溢油反射信号的相关数据。因此，在岸基条件下，开展了利用 BeiDou-R（BeiDou navigation satellite system-Reflection）对海面溢油检测仿真技术研究，补充现有的溢油探测手段，增强溢油检测能力，扩展北斗卫星导航系统应用领域范围。此外，北斗卫星导航系统（BDS）是我国自主研发、独立运行的卫星导航系统，也是《国家中长期科学和技术发展规划纲要（2006—2020 年）》确定的 16 个重大专项之一。与 GPS 等其他卫星星座布局相比，我国北斗系统由 MEO、IGSO、GEO 三种不同轨道卫星构成，在中国海域内北斗卫星可见时间长，能够实现从多个观测角度对海域进行长期实时监测。另外，北斗卫星系统由我国自主研制，拥有自主知识产权，在安全性方面可靠性高。

传统的监测手段（如航空监测、船舶监测等）虽然能够获得较为准确的数据，但对于大面积的海洋溢油无法进行大范围监测，且极易受天气因素和环境条件因素的影响。近年来，随着卫星航天遥感手段应用到海洋，提供了大范围和全气象条件监测海洋溢油的应急监测手段。

由于油膜与海水的光谱特征存在差异，海面对电磁波的反射和辐射光谱发生改变，遥感器通过获取光谱信息差异识别溢油信息。目前，紫外、可见光、红外、激光荧光以及微波遥感技术在海洋油膜监测中应用最为广泛。

（1）紫外技术

紫外传感器能够探测到海面的薄油膜，即使是厚度小于 0.05 μm 也是有效的，但对于厚度超过 10 μm 的油膜探测能力却不足。紫外遥感技术抗干扰性能较差，易受外界环境因素的干扰，如因太阳耀斑、风以及水草等的干扰而产生虚假信息。此外，紫外传感器只能在白天工作，而且受限于天气状况。

（2）可见光遥感技术

在可见光区域，海面油膜的反射率要大于纯净的海洋水体，但会因为光线的波长、海洋背景水体透明度、溢油类型以及传感器观测角度的不同导致油膜的反射强度不同。因此，在可见光区域缺乏有效区分海洋背景信息的特征光谱。此外，对于水草以及颜色较深的岸线难以与油膜进行区分，而且依赖于太阳光的反射，难以执行夜间的监测任务。目前，随着高光谱传感器的不断发展，可见光高光谱数据应用于溢油监测，提高了溢油的探测和识别能力。总而言之，可见光遥感技术有着诸多不足，对于溢油应急监测的能力有限，但由于其成本较低，操作简单，仍在溢油监测领域广泛应用。

（3）红外遥感技术

在热红外波段，油膜的光谱信息不同于海洋水体，根据油膜的灰度特征即可分辨出海洋溢油。油膜辐射率跟厚度还存在显著关系，即油膜厚度小于 1 mm 时，辐射率随厚度增加而增加，因此，红外传感器可以获取油膜的相对厚度信息。对于乳化状油污，热红外波段无法探测，因为乳化状油污中含有 70% 的海水，难以分辨油膜与海水的光谱信息。从目前来看，红外传感器因具有成本低、全天候溢油监测的优势而得到广泛应用，是重要的溢油监测技术。

（4）激光荧光遥感技术

激光荧光传感器可以实现石油类型的识别，也可以根据 Raman 散射估算油膜厚度。激光荧光遥感技术是目前探测不同背景下溢油的最有效和最可靠的设备，是冰雪条件下溢油探测的唯一可信传感器，荧光雷达还被证明可以成功地探测乳化状油污。德国在 20 世纪 90 年代就部署了激光荧光传感器监视德国海域的水文信息和油膜等。加拿大环境技术中心也成功部署了激光荧光遥感系统（Scanning Laser Environment Airborne Fluorosensor，SLEAF）进行溢油监测。

(5)微波遥感技术

微波波长长，其具有良好的大气透射率和穿云透雾的能力，受太阳辐射和天气因素制约小，具有无可比拟的全天候监测优势。当前应用较为广泛的主动式微波传感器有合成孔径雷达(SAR)、侧视孔径雷达(Side-Looking Airborne Radar，SLAR)和微波散射计(Microwave Scatterometer，MS)等。SAR 的成像几何如图 7-2 所示，雷达沿移动路径形成虚拟的孔径，合成的大孔径使其具有相当高的分辨率，可达几十米甚至 1 m。SAR 已成为当今海洋溢油监测的主要技术手段，也是目前公认的最有效的空间传感器。

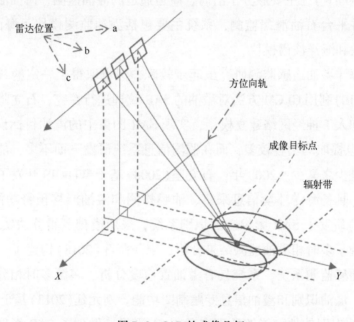

图 7-2　SAR 的成像几何

目前，世界各国都非常重视 SAR 技术在海洋溢油应急监测中的发展和应用。例如，2002 年欧洲航天局的 ENVISAT 卫星，2007 年德国的 TerraSAR-X 卫星，加拿大的 RadarSAT-2 卫星，意大利的 Cosmo-SkyMed 卫星，2014 年日本的 ALOS-2 卫星，2016 年中国发射的高分三号卫星。星载 SAR 技术已被广泛应用于海洋溢油应急监测领域。

1991 年，ERS-1SAR 发射成功，星载 SAR 作为海洋溢油监测的最有效方法越来越被关注，此后，RadarSAT、ENVISAT 和 Cosmo-SkyMed 等一系列搭载合成孔径雷达的卫星系统相继投入应用，大大提高了 SAR 监测海洋溢油的能力。各国科学家基于遥感技术对海面溢油监测展开了深入研究，并取得显著成果。

随着 GIS 技术的不断成熟，为了满足溢油应急监测的需求，挪威、加拿大、英国和法国等发达国家相继开展了基于 SAR 技术监测海面油膜的研究，并开发了溢油监测信息系统，且已成功应用到业务实践中。挪威 Kongsberg 卫星中心研发的 KSAT 软件，利用 SAR 影像实现海洋油膜和海面船舶信息监测，其中油膜识别模块主要靠人工判别，不仅能够提供事故地理位置、溢油面积等溢油信息，还能提供事发区域风速和风向、溢油类型和溢油污染等级等相关溢油信息。法国 Boost Technologies 公司开发了 SARTool 系统，该系统主要功能有海洋油膜监测、船只检测和海况分析等。加拿大 Salantic 公司开发了海洋监测工作站（Ocean Monitoring Workstation，OMW），主要服务于沿海、航运通道的溢油监测、海面溢油的跟踪清理和海上钻井平台石油泄漏监测，系统主要包括溢油监测模块、海面风场模块、海况分析模块和海洋波谱模块。

我国的海洋溢油遥感监测研究虽起步较晚，但也取得了一定的科研成就。如邹亚荣等（2010）利用 GLCM 方法对溢油的 SAR 纹理进行探究；石立坚等（2009）基于纹理分析和人工神经网络建立模型，实现 SAR 图像中的溢油目标识别。国内致力于 SAR 信息提取的学者较多，而在监测信息系统研发方面不多，能够实现业务化应用的更是少之又少。2008 年，石立坚（2008）基于 WebGIS 开发了一套海面油污监测软件，具备海洋环境信息采集、油膜检测和溢油漂移预警功能。2013 年，苏腾飞（2013）研发了 SAR 影像溢油识别系统，采用模糊逻辑算法实现 SAR 溢油识别，并实现了多时相溢油监测结果分析；宋莎莎等（2018）构建了一套基于 SAR 的海上溢油遥感监测系统，系统具有溢油置信度分析、多源多时相分析、溢油事故溯源分析、溢油识别和溢油信息专题制图功能。刘元廷（2013）基于 MFC 研发了 SAR 影像溢油识别软件，能够处理多种 SAR 影像，做到了 SAR 影像预处理和溢油识别，还实现了溢油结果与电子海图的叠加分析。2014 年，丁一等（2015）基于 GIS 研发了溢油监测系统，实现了溢油信息提取、溢油区概率统计和溢油专题制图功能，并实现了海洋流场和溢油分布的叠加显示。

近年来，无人机技术在许多行业得到应用，它凭借高机动性、低成本的优势，可以搭载多种高分辨率探测设备，对目标进行监测。2010 年，在大连溢油事故中，我国将无人机应用于溢油应急工作中，通过无人机配备小型遥感设备进行监测，获取了海上溢油信息，同时开展了消油剂喷洒作业，协助海上油污的清理，减少灾害损失。2015 年，南海有关部门逐渐将无人机应用于溢油演练，在整个过程中无人机展现出了优越的性能。

7.1.2　沉潜油监测技术

关于沉潜油，国际上早在 20 世纪六七十年代就有认识，沉潜油污染事故的记录也很早，通过研究对于沉潜油的特性和形成机理有了一定的认识。美国国家科学研究委员会(United States National Research Council)1999 年出版了一份报告，讨论了沉潜油的风险和应急，并就此给出了具体的研究建议。然而，此后这方面的工作并没有取得什么进展。鉴于沉潜油对环境的危害和清理的困难，美国国家海洋和大气管理局(NOAA)与沿海响应研究中心(CRRC)发起解决沉潜油模拟、探测、监测和回收的合作，资助有关沉潜油应急处理方面的研究。

为了更好地协调和指导沉潜油研究，2006 年 12 月 12—13 日沿海响应研究中心邀请了来自学术界、工业界、国际国内、州政府和非政府组织等相关人员，举办了一个专题讨论会，对沉潜油应急响应和回收方面的工作进行了评价。本次专题讨论会的目的在于确认沉潜油领域的研究需求。此后，国际上关于沉潜油的研究成果出现了增多的趋势。美国 NOAA 对发生在墨西哥湾的"Tank Barge DBL 152"事故各个时期的沉潜油监视监测方法进行了介绍。美国海岸警卫队的研究与开发中心着手实施了一个为期数年的项目，计划开发一套处理沉潜油的技术方法。该项目包括两个阶段：沉潜油探测和位置标绘；沉潜油围控与回收。在第一阶段，研究与开发中心选择几种沉潜油监测技术在国家溢油应急实验室进行了概念验证和原型测试，涉及声像、激光荧光和实时质谱分析技术。同时，关于现有的各种沉潜油监视监测技术，学者和相关研究单位介绍了其具体应用，对各种技术的优缺点进行了总结。2010 年 4 月，美国历史上最严重的溢油事故——"深水地平线"溢油事故更是一次各种沉潜油监视监测技术的练兵场，随后的一系列报告对此次事故的沉潜油监视监测、评估等做了详细介绍。

总的来说，现有的技术能够在沉潜油监测中发挥一定的作用，但是对水下情况、海底底质、海底地形和沉潜油风化与行为认识有限，在监视监测技术的使用、布置上缺乏一定的合理性和有效性。而很多专业的、复杂的沉潜油监测技术依然处于概念验证和原型测试阶段。同时对于影响监视监测技术的一些限制因素，包括水的能见度、油的性质、油厚、最小油污大小、水深、底质类型和数据获取与处理时间都应当明确。应该说沉潜油监视监测技术还处于初级应用阶段，很多方法技术含量低、耗时耗力，不能解决复杂海况下的沉潜油监测问题。

我国对于沉潜油的认识较晚，基本上是从 21 世纪开始。河北海事局从 2006 年起开始关注海上不明来源沉潜油上岸造成的污染，并组织人员对此进行调查，掌握了一些沉潜油污染的第一手资料，并于 2011 年组织承担了海事科技项目"渤海沉潜油特性、漂移预测及回收技术研究"，形成了相应的文献报道。

王晶等(2007)鉴于目前的溢油模型主要针对海面溢油的情况，提出了预测海底管道出现裂纹和腐蚀形成的小孔时的溢油泄漏模型。预测在海底管线上某一位置处的蠕孔漏油后，油的浓度超过某一规定浓度的范围，海面上形成油膜的起始位置，估计油膜是否能到达海岸线，以及被风浪携带到海岸线上的原油量。黄娟等(2015)利用渤海三维溢油模型，通过多组理想试验和 2012 年的海上溢油试验数据，对模型的各项功能、稳定性及精度进行了对比验证，结果表明，模型可实现对渤海海域海底或水下发生的溢油进行数值模拟。李怀明(2013)利用 FVCOM 海洋数值模式建立了渤海海域的三维水动力模型和海底溢油的输移扩散模型，并应用于渤海中部蓬莱 19-3 油田的海底溢油预测，计算了不同粒径油滴的上浮速度；模拟了无动量条件下的不同粒径和粒径区间的油滴在水下的溢油轨迹、扩散范围、抵达海面的时间和位置的差异；对比了有无初始动量对溢油模拟的影响，给出多种视角下的水下溢油示意图。张兆康等(2014)从溢油沉底或半沉底状态的条件，重质油品的来源，沉底、半沉底油的风化特征，沉底、半沉底油的监测与回收几个方面，对沉潜油进行了介绍。

7.2 监测报警技术

现有的监测报警技术主要应用于海上及沿海码头前沿的溢油事故监测。沿海的船舶溢油事故随着港口码头作业次数的增多风险也随之增大。港口码头由于船舶进出港频率高、船舶船期紧、港口作业效率高、码头泊位利用率高等因素，面临的溢油污染主要来自天气、人为等原因造成的船舶碰撞引发的溢油事故；到港船舶为了不影响船期，在靠港期间同时进行装卸作业，补充燃料油、维护修理等，作业人员疏忽，造成误操作或者管线阀门老化，设备失灵等因素造成的溢油事故；少数船舶在港期间有违法操作行为，偷排含油污水造成的溢油事故；沿海地区石油炼化厂、油库、化工厂，发生泄漏可能随着陆源排放口进入港区造成的溢油污染。原因的多种性，使得在第一时间掌握溢油信息显得尤为重要，这为溢油的善后处理赢得宝贵时间，可最大限度地减少损失。

溢油监测报警技术是港口、码头与航道等区域水质监测系统的重要组成部分，溢油监测报警系统可对水上漂浮油膜进行远程、实时、全天候、全自动的综合监测报警。溢油监测报警系统包括前端溢油传感器、采集控制模块、无线或有线传输终端、监控软件四部分（图7-3）。其中前端溢油传感器可安装在浮标、船舶、码头或输油臂平台上，通过溢油传感器发射荧光的回波来检测水面油膜，精度可达微米级，检测油类包括原油、柴油/燃油、机油、润滑油、汽油、食用油等油品。溢油传感器的数据接入采集控制模块，再接入数据传输终端，通过4G公网、北斗卫星或有线网络传输到监控中心。监控中心的监控软件可管理探测设备，并在电子海图上实时显示设备位置、检测数据和状态数据。对不同的水域，可设定相应的报警阈值，当检测电流达到设定的阈值时会发出声光报警信号。检测数据存入数据库，监控软件可以访问、统计和分析历史数据。在前端溢油传感器旁可布设监控摄像头，当发现油品泄漏时，摄像头会及时发出报警信号，提醒值班人员查看监控视频进行确认，同时采取相应的应急措施。

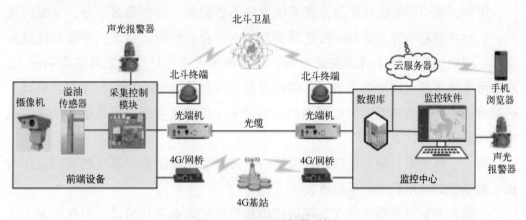

图7-3 溢油监测报警系统

对于内河或码头等公网覆盖较好的地区，溢油监测报警系统的传输系统可采用有线或4G/网桥无线通信模组；在远洋可采用北斗模块，通过卫星通信网络完成通信控制。系统采用云端服务器可实现手机浏览检测数据。

溢油监测报警系统是溢油应急技术之一，一些发达国家从20世纪60年代起就开始研究该项技术，也已形成一整套溢油防治技术系统。美国在设计和制造海洋及环保设备方面处于世界领先地位，并不断改善和研发新技术新系统来满足需求。海上溢油监测报警系统是一套安装在码头或者钻井平台上的溢油监测与报警系统，不受天气条件限制，可实时动态地监测海面溢油；海洋综合信息系统通过无线网络让用户掌握港口情况，汇报溢油事故信息以便快速应急，维护港口、码头及海岸的安全。

目前，我国大部分港口码头地区，特别是涉及危化品作业的码头，都按规定设立了溢油监测报警系统，目的是在保护海洋生态平衡的同时，促进沿海地区各方面的可持续发展。深圳盐田港应用防爆型 Slick Sleuth（电子狗监测器）进行溢油监测，舟山某些码头现在也采用该监测器，该监测器安装、维护方便，在海面以上 0.2~6 m 处，实现了 24 h 全天候实时监测，无线网络实现信息的可靠输送。舟山某码头采用"OSMS 水面溢油在线监测系统"，该软件实现人机交互，可清楚直观地了解海面溢油动态，实现系统的报警功能。营口港目前也有计划、有步骤地开展整体港口的溢油监测报警装置研发，不仅在危化品作业码头建设，在其他货种作业区域也规划建设码头溢油监测预警系统，保障整体港口区域的溢油风险应急能力。

我国的港口码头虽安装有溢油监测报警装置，但在实际应用中效果并不理想。原因如下。

第一，港口码头溢油监测报警系统发展不够完善，存在很多不足，主要表现在：监测终端监测海上溢油的传感器类型单一，存在的缺陷显著，导致系统设备在实际应用中价值减小且设备成本高，监测范围太小，且监测受环境影响较大，对非海水物质都可能产生报警，可信度过低。后台控制中心功能不完善，虽具有可视海面实时监测功能，但监测画面不够清晰，且控制系统过于简单，缺乏应急响应的管理平台。

第二，作业人员缺乏培训，对系统的了解甚少，没能理解系统的实际运用价值，对系统的应用及维护不够重视。

当前溢油监测报警系统在实际应用中虽没有进入业务化阶段，但在国家大力提倡保护环境、实现可持续发展的大环境下，溢油监测报警系统的研究进程会更加快速，在软、硬件上都将取得更大的跨越。

海上溢油监测传感器的进一步深入研究将加速系统业务化进程。光学传感器逐渐向商品化方向发展，在性能和成本上更加具有实用价值。经改善后的热红外探测器不仅不需制冷设备，而且整个仪器趋于小型化，减少仪器的复杂程度，成本变小的同时，探测灵敏度有所提升，从性能和成本等方面综合考虑，红外传感器在港口码头溢油监测领域占据主要地位。SAR 和激光荧光传感器在未来的溢油监测领域具有更重要地位，未来如能将 SAR 和激光荧光传感器结合使用，不仅能实现大范围监测海面溢油，还能辨别溢油种类和油层厚度，这将是海上港口码头溢油监测技术的最终发展方向。

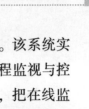

港口码头溢油监测报警系统主要是指后台指挥中心监控管理系统。该系统实现海面溢油自动在线监视监测以及各种多源监测数据的实时传输、远程监视与控制，对获得的数据通过设定的计算方法进行处理后，再基于 GIS 平台，把在线监控系统、溢油预警模型、溢油应急处置决策支持系统等进行集成，快速准确地生成溢油应急快报及多种信息产品。未来将实现对港口码头周边海域进行全天候实时在线监测的业务化运行模式，实现实时报警并能为溢油处理提供方案支持，为预警和溢油管理的有效实施提供一个直观的管理系统。

7.3　鉴别技术

溢油鉴别的对象主要为未知来源的海上溢油。石油在海水中，受到外界因素（海风、海流等）的影响向周围扩散，在这期间伴随着稀释、降解、乳化等物理或化学变化，石油的组分也发生改变，依靠光谱对油种和来源进行确定更加困难。

为了应对溢油灾害，许多国家设立了专门机构，研发了各自的油指纹鉴别体系。早在 20 世纪 60 年代，油指纹鉴别技术就已经出现，逐渐成为海上油污鉴别的主要方式；美国技术成熟较早，70 年代就有了严格的鉴别标准；随后，欧洲沿海国家也有了自己的鉴别标准。20 世纪 80 年代国内开始重视溢油鉴别，国家海洋局北海环境监测中心较早开展了相关工作，技术逐渐成熟。

红外光谱法用于溢油鉴别可追溯到 20 世纪 50 年代末，它具有简单快速、准确可靠、重现性好、鉴别能力强、使用有毒试剂少等优势，但它的灵敏度不高，外界因素能干扰检测结果，应用面小。荧光光谱法在灵敏度、成本、操作等方面优势明显，常用于定性、定量分析物质构成，但对检测物质有较高的要求，适用性较差。20 世纪 60 年代中期，气相色谱逐渐与质谱结合进行环境监测。受风化作用影响，溢油性质发生变化，基于上述方法的油指纹检测指标不稳定，随着风化程度的加深溢油鉴别愈加困难。油品中碳元素的性质不容易发生变化，可以提供原始的谱图信息，有利于溢油源的确定。随着科学技术的飞速发展，在物质鉴别方面涌现了诸如质子转移反应质谱法等新方法，这使得海上溢油的诊断方法呈现多元化趋势，鉴别结果更加可靠。

溢油鉴别是采用综合技术以油品本身的组分特征来确定溢油源的一种诊断方法，其中比较常用的方法是油指纹鉴别法。原油包含多种不同类型的化合物，其中主要成分有烷烃、芳烃、环烷烃等，经过多道工序炼制加工才成为生产生活使用的各种油品，由于形成条件和加工工序不同，每种油品均有独特的物理化学特征，这些特征即油品特征的油指纹。油指纹库是通过选择恰当的溢油指标和检测方法提取的不同种类油品的组成成分、组分分布、光谱特征、色谱图等指纹信息构建的数据库。油指纹鉴别将实验获取的数据库中的油品信息（光谱、谱图等）与事故现场油品的信息进行比对，根据二者之间的相似度找到污染源。

美国是世界上最早开展溢油鉴别工作的国家，其海岸警卫队在 1978 年就已经建立了油品鉴别中心实验室；之后，欧洲国家也意识到溢油鉴别工作的重要性，建立了欧洲海上溢油鉴定系统。随着我国溢油污染越来越严峻，国内开始关注溢油鉴别工作，并于 2007 年在国家海洋局北海分局建立了我国第一个海洋溢油鉴别与损害评估技术重点实验室。一直以来，世界上很多国家都在努力完善溢油鉴别体系，力求建立相对完善的油指纹库。我国现行的溢油鉴别标准是《海面溢油鉴别系统规范》（GB/T 21247—2007），该标准广泛吸收了欧洲《溢油鉴别标准》和美国材料与试验协会（ASTM）相关标准中先进的油指纹鉴别技术。

石油是一种含有多种有机化合物的复杂混合物，是由古代有机物质经历了至少 200 万年的压缩和加热之后逐渐形成的一种不可再生能源，一般将石油成分分为烃类物质和非烃类物质，其中烃类物质是石油的主要成分，主要包括烷烃、环烷烃、芳烃等。石油的冶炼加工一般分为三个过程：一次加工是通过蒸馏方法把原油中沸点不同的组分分开来，生成汽油、煤油、柴油、重油等不同馏分；二次加工是对一次加工产物的再加工，经裂化过程使一次加工过程产生的渣油和重质馏分油生成轻质油；三次加工是对二次加工过程产生的气体进一步加工。

由于石油的形成具有较强的地域特征，因此不同地区条件和环境致使其开采出的原油在物理及化学特征上具有较大的差异；原油精炼过程所采用的炼制程序和添加剂等的差异以及在此之后运输过程中与油罐、船舶、管道、卸油管中的残油相混合等原因，同类别的两种炼制油也存在差别。油品形成及炼制过程的不同，使得油品物理性质和化学组成信息具有唯一性，油品的该特性与人类指纹信息特性相同，因而人们将其称为油品的"油指纹"信息。也正是因为"油指纹"信息的唯一性，所以溢油鉴别是可行的。溢油鉴别是指通过物理、化学、生物等方法分析得出溢油的"油指纹"信息，将其与可疑油原油指纹信息进行比对分析找到溢油源。油源鉴别过程一般分为三步：①及时检测油源泄漏方位，采取紧急预案和修复方法，进行环境影响评估和损失评估；②于实验室检测分析溢油样品化学组分，确定事故责任方；③进行风化评估、诊断评估及比较。

　　溢油鉴别技术发展至今，主要的鉴别方法可分为非特征法和特征法两大类。非特征法包括荧光光谱法（Fluorescence Spectrometry，FS）、气相色谱法（Gas Chromatography，GC）、紫外光谱法（Ultraviolet Spectrometry，UVS）、红外光谱法（Infrared Spectroscopy，IR）、原子吸收光谱法（Atomic Absorption Spectrometry，AAS）、高效液相色谱法（High Performance Liquid Chromatography，HPLC）、同位素比值质谱法（Isotope Ratio Mass Spectrometry，IRMS）、重量法（Gravimetric Method，GM）、超临界流体色谱法（Supercritical Fluid Chromatography，SFC）、薄层色谱法（Thin Layer Chromatography，TLC）和排阻色谱法（Exclusion Chromatography，EC）等方法。特征法主要是气相色谱-质谱联用法（Gas Chromatography-Mass Spectrometry，GC-MS）。与非特征法相比，特征法样品预处理时间较长，费用较高，但其较容易获得石油组分特征信息，即使是经历风化的油品，也能够准确地获取抗风化能力强的化合物的相关信息。

　　（1）气相色谱法

　　气相色谱法以气体作为流动相，是实验室中常用的油指纹信息鉴别方法，具有分离效果佳、灵敏度高、鉴别指标明确等优点。气相色谱法主要检测油品中的正构烷烃，其系统由固定相和流动相组成，可用于复杂样品中化合物的分析，分离工作是整个过程的关键，主要在色谱柱内完成。一定量（已知）的样品从进样口一端被注入色谱柱后，样品将在载气（流动相）的带动下流经色谱柱，色谱柱内通常填充有一定量的吸附剂颗粒或内壁涂敷有固定液（固定相），样品受填料的吸附，通过色谱柱的速率会降低。因为色谱柱对样品中不同组分的吸附溶解能力存在差异，即各组分在流动相和固定相间的分配系数不同，当样品在色谱柱中不断进行分配，并随着流动相向前移动时，各组分的流动速率产生差异，各组分最终流出色谱柱的时间也就不同，从而将样品中的混合物进行分离。人们则通过物质的保留时间来表征不同物质，通常分配系数小的组分先流出色谱柱（保留时间短），分配系数大的组分后流出色谱柱（保留时间长），其他会对物质保留时间产生影响的还有载气流速、温度等因素。当各组分从色谱柱流出后，检测器将检测到的化学信号依照浓度转化为电信号输出，由记录器绘出总离子流图。

　　氢火焰离子化检测器（Flame Ionization Detector，FID）是典型的质量型、破坏型检测器，能源主要来源于氢气与空气燃烧生成的火焰，检测物质在高温火焰下会发生化学电离，由此产生大量离子，离子又因高压电场具有定向作用而形成离子流，从而将化学信号转化为电信号。化学电离产生的离子流十分微弱，须将其经过放大变为和检测物质进样量成正比关系的电信号，因此电信号的大小是样品定量分析的依据。氢火焰离子化检测器灵敏度高、操作方便、结构简单、性能优异、检出限低(可检测最小浓度 0.1×10^{-6} mg/L，配合变温浓缩可测到 1×10^{-9} mg/L)，对所有烃类化合物(碳数 ≥ 3)的相对响应值几乎相等，是检测分析正构烷烃的最佳检测器。

(2)红外光谱法

红外光谱法是用一束具有连续波长的红外线照射样品，测得样品对红外光源的吸收光谱图，通过对光谱图进行官能团解析来识别样品中所含的物质及物质结构的方法。红外光谱法是分析化合物结构的重要手段，在油指纹鉴别中主要用来检测油品中的烷烃、芳烃、氧、硫等物质，通过分析其产生的特征吸收峰位置、轮廓和强度等信息来实现溢油鉴别的目的。该方法检测速度快、效率高、重现性好，但风化对该方法的检测结果影响较大，且色谱图分析是基于视觉进行的，所以精准性较低。

红外光谱及拉曼光谱都起源于分子的转动与振动，但是两者的产生方式在机理上有着本质差别。红外光谱是由分子吸收红外光源所产生的，适用于研究不同原子间的极性键振动；拉曼光谱是由分子对单色光的散射所产生的，适用于研究同原子间非极性键振动。用连续波长的红外光照射样品，当样品中某个基团的振动频率与红外光的频率一样时，样品分子就会吸收红外光的能量发生跃迁，从原来的基态振动能级跃迁到能量较高的振动能级，此时用仪器将样品分子吸收红外光的情况记录下来，就能得到红外光谱图。在红外光谱图中，被吸收的红外光的波数位置处会出现吸收峰，某一波数的红外光被吸收得越多，吸收峰就越强。根据应用范围及仪器技术的不同，红外光谱区间通常被划分为三个区域，即近红外区($12\,500 \sim 4\,000$ cm^{-1})、中红外区($4\,000 \sim 400$ cm^{-1})、远红外区($400 \sim 25$ cm^{-1})，因为大部分无机离子和有机化合物的吸收带都出现在中红外区，所以研究最多、技术最为成熟的是中红外区。

红外光谱仪发展至今主要分为色散型红外光谱仪和傅里叶变换红外光谱仪两种。早期都是使用棱镜或光栅作为单色器的色散型红外光谱仪，随着计算机技术的发展出现了现在常用的傅里叶变换红外光谱仪。傅里叶变换红外光谱仪没有光栅或棱镜分光器，其红外光源发出的光被分束器分为两束，两束光经处理后产生干涉，干涉光经过样品后携带样品信息到达检测器，检测器将干涉光信号转换成电信号，计算机采集电信号并对其进行傅里叶计算，最终得到样品的红外吸收光谱图。

ATR 光谱也叫内反射光谱，主要是通过获取样品表面反射信号对样品表层有机成分的结构信息进行分析研究。其原理为光线在两种光学介质表面会发生反射和折射现象，当光从光密介质进入光疏介质时，若入射角大于临界角，则折射光强为零，入射光全部被反射，该现象称为全反射现象，ATR 附件就是利用光的全反射原理工作的。全反射分为无损全反射和衰减全反射两种，无损全反射即反射光能量等于入射光能量，若反射光能量小于入射光能量，则称为衰减全反射。在实际实验中，红外辐射在样品与晶体的接触面发生全反射时，会在晶体表面附近产生驻波，该驻波称为隐失波，在反射点隐失波穿入样品，导致反射光能量衰减。红外吸收信息来源于隐失波衰减的能量，当隐失波振幅衰减到原来振幅的 $1/e$ 时，此时隐失波穿透的距离定义为穿透深度，穿透深度取决于晶体和样品的折射率、入射光的波长及光线在晶体界面的入射角。ATR 附件的晶体材料通常选用 ZnSe 晶体，入射角必须大于 38°。隐失波穿入样品的深度有限，测试过程中若只经过一次衰减全反射，则测试结果信噪比较差，所以通常采用增加全反射次数来提高信噪比，增强吸收峰的强度。

（3）气相色谱-质谱联用法

GC-MS 是实验室中常用的油指纹信息鉴别方法，该方法以气体作为流动相，具有分离效果佳、灵敏度高、选择性强、鉴别指标明确等优点。GC-MS 主要检测多环芳烃及其烷基化合物、苯系物、甾烷和萜烷等生物标志化合物以及新发现的金刚烷等目标物质。国内外学者常把 GC-MS 与 GC-FID 联用进行溢油鉴别。

（4）稳定同位素比值质谱法

稳定同位素比值质谱法是近年来备受关注的分子同位素技术，利用稳定同位素中蕴藏的丰富的地球化学信息，可准确地鉴别经历严重风化、生物标志物丢失、不同来源但油指纹信息相似的油品。该方法精度高、稳定性好、特征性强，是目前油指纹鉴别方法中鉴别能力最强的分析方法。

（5）荧光光谱法

油品的荧光响应因油品种类和激发波长的不同而不同，所以可通过检测油品中多环芳烃等具有荧光响应的物质的荧光强度进行油品鉴别。荧光光谱法具有试样量少、选择性强、操作简单、灵敏度高、便于现场分析和费用低等优点，且荧光光谱的谱带窄、散射光干扰小，尤其适合石油等多组分混合物的分析。但该方法精确度不高，目前主要用于油品的初步筛分。近年来，荧光光谱法的优化以及与其他检测鉴别方法（GC-MS、统计分析等）的联合应用，使荧光光谱法得到进一步发展。

(6)多元统计分析法

多元统计分析法仅基于专业人员对实验谱图及数据的视觉观察与分析，效率不高且可能导致鉴别结果具有主观误差。随着计算机技术的发展，客观快速的数字算法具有高效性、高精准性，是现代数据处理中首选的分析方法。溢油鉴别常用的模式识别技术有主成分分析（Principal Component Analysis，PCA）、聚类分析（Cluster Analysis，CA）、支持向量机（Support Vector Machine，SVM）、线性支持向量机（Linear Support Vector Machine，LSVM）、径向基函数（Radial Basis Function，RBF）、人工神经网络算法（Artificial Neural Networks，ANNs）、反向传播人工神经网络（Counter Propagation Artificial Neural Networks，CPANN）、遗传算法（Genetic Algorithm，GA）、判别分析（Discriminate Analysis，DA）、偏最小二乘判别分析（Partial Least Squares. Discriminate Analysis，PLS. DA）、偏最小二乘（Partial Least Squares，PLS）和Student-t（S. t）检测。

(7)其他方法

在溢油鉴别其他方法方面，传统的鉴别方法不断优化，质子转移反应质谱法、傅里叶变换离子回旋共振质谱法等新方法的应用，使溢油鉴别技术得到进一步发展。溢油鉴别技术发展至今已不只局限于单一分析方法，多种分析方法联合使用是目前的发展趋势。众多学者将GC-FID与GC-MS、UHRMS、化学计量学技术等方法联合使用，大大提高了溢油鉴别的准确度。但是目前的多种方法联合使用都只局限于简单的方法叠加，即先后采用多种方法分析鉴别溢油源，虽准确性提高，但耗时耗力，需要投入较高的时间成本、仪器维护成本、实验药品成本及技术人员成本。红外光谱法操作简便、无须制样、检测速度快，但是其灵敏度低，抗干扰能力差，不能独立准确鉴别溢油，鲜有学者关注，一般将其与数字算法联合用于鉴别溢油。

7.4 评价技术

19世纪末，西方经济学研究中最早出现了有关风险的研究，由于风险的定义涉及自然科学、政治、经济等诸多方面，目前见解仍未达到统一，但不同背景的研究专家普遍认为，风险是对未来损失不确定性的描述。风险评价是指采用定性与定量相结合的方式，并应用各种管理科学技术，定量估计风险的大小，并对风险的可能影响做出评价。风险评价可以为事件发生后采取对策提供依据。

区域是指达到一定面积，并且内部具有一定结构特征的范围，具有一定的内部结构、功能和历史发展的动态系统。而针对生态风险评价的讨论中，主要包括评价污染物对生态系统及其组分造成的概率损失，国内外诸多学者对生态风险评价的定义中也将污染物作为主要的风险源。因此，区域生态风险评价是对存在于不同类型生态系统中的人为活动、环境污染或者自然灾害等多种胁迫因子和多风险源对评价终点造成不利影响的可能性及危害程度进行风险评估。

油污染的环境风险区划，是对溢油区域内环境风险相对大小的排序过程，应遵循主导性、系统性、动态性和一致性的原则，根据空间尺度的大小和风险类型进行划分，一般分为四级，即高风险区、较高风险区、中等风险区和低风险区。溢油风险评价流程如图 7-4 所示。

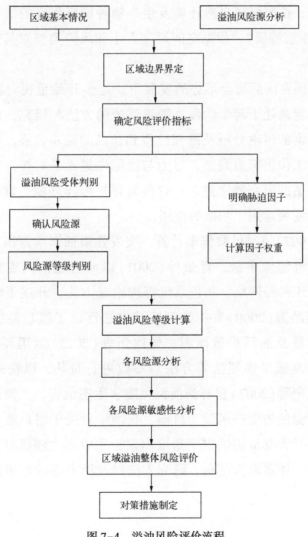

图 7-4　溢油风险评价流程

在相关法律法规方面，1954年后相继发生多起海上油污染事故，沿海国家和国际社会开始了对海洋保护的重视，并为此通过了《国际防止海上油污公约》。在利比里亚籍"Toairy Canyon"号油轮于英吉利海峡触礁沉没后颁布了《73/78国际防止船舶造成污染公约》；国际海事组织（IMO）通过了《1990年国际油污防备、反应和合作公约》，由此进一步推动海上溢油风险评价的研究和发展；而后英国关于减少海事决策者在海事管理中战略性失误的建议案被广泛推行，不断被应用于海事立法、决策、评估中，为国际社会风险管理思想融入日常的海域资源管理及有效实施港口管理提供了保证。目前，国际上关于海洋溢油污染的生态风险区划方法尚不完善，主要是基于主体功能区域环境风险分析的思路，从溢油事件的环境风险源发生概率入手，利用耦合模型计算和自然资源损害评估方法，按照海域自然环境及生态物种敏感程度的结构特点，通过识别和绘制"关键生态特征"，根据空间尺度大小和风险类型对其空间范围进行区域划分。

近年来，我国在国际海运形势的发展下，逐步开始重视对溢油风险评价及管理的研究，尽管尚处于起步阶段，缺乏系统的方法与研究，但目前国内对溢油事故的影响因素的讨论分析及研究已得到长足的稳步发展。可以看到，我国的溢油风险评价工作正努力发展，尽力与国际先进水平对接，尤其对海洋溢油生态环境损害评估的研究越来越多，这些对保护海洋环境、维护海洋权益、实现海洋的可持续发展起到了积极的作用。

竺诗忍等（1997）通过风险概率计算，突发性溢油影响范围预测分析，评价了舟山海域突发性溢油事故；肖景坤（2001）以海上溢油调查数据为基础，利用数理统计、人工神经网络、灰色系统等理论或方法，开展了海域内油船事故的风险评价；李品芳（2000）利用数理统计方法得出了厦口港船舶溢油风险的发生概率、溢油量及油膜扩散面积；杨建强等（2023）运用环境经济学方法、卫星遥感技术以及成果参照法等方法对参数进行量化，以快速评估海洋溢油生态损失；曾江宁等（2007）在石油泄漏风险、生态危害、风险防范等方面论述了海底石油管道溢油的生态风险。目前，我国学者关于河口溢油风险评价的实例研究尚少，并且大都从溢油概率角度出发，手段多为随机理论、模糊数学或物元分析等方法，体系尚为薄弱，研究方法以及所考虑的评价因素和指标较为单一。

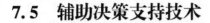

7.5　辅助决策支持技术

7.5.1　辅助决策支持技术的概念

溢油辅助决策支持技术主要是以电子地理信息系统为平台，综合应用网络资源、应急资源、环境敏感资源、现场传感设施等相关资源，通过数值模拟和科学计算手段，辅助溢油应急指挥人员制定应急决策方案。发生溢油事故后，参考溢油轨迹模拟、环境敏感资源实地调研和保护级别划分等因素制定应急指挥决策方案，提出对环境敏感资源优先保护次序。如有搜救事故发生时，通过对人员漂移轨迹的模拟，确定人员搜救范围和搜救方法。

自 20 世纪 70 年代末以来，由于各类严重溢油事件的发生，IMO 针对海上溢油事故建立了相关国际公约以加强各国对海上溢油事故的应急响应机制，对海上溢油事故采取及时科学的应急决策与应急救援措施。随着溢油治理的经验累积与技术发展，一些发达国家逐渐建立并完善海上溢油应急响应机制，相继开发出海上溢油应急决策系统作为辅助海上溢油应急决策的依据。英国研发的 OSIS 遥感监测系统，通过监测溢油处水文海况信息与溢油信息，模拟海上溢油漂浮扩散轨迹与范围，实现对溢油的监控。美国 OSMISW 是海上溢油信息管理系统，其包含了智能决策支持系统、地理信息系统、应急信息数据库管理系统等子系统，能处理大量的与海上溢油相关的环境、地理、生态、监测信息数据，并提供风险分析与应急决策。美国 ASA 公司将 GIS 集成至溢油应急系统，建立了海上溢油模型系统 OILMAP，提供了不同溢油模型下的溢油轨迹预测与溢油风化预测，实现了海上溢油应急的快速响应与应急决策。OSRA 通过海上溢油、海洋环流和气象模型生成的历史数据，对海上石油运输和石油勘探等容易发生的海上溢油事故可能性进行分析计算，在假设溢油位置进行溢油模拟，从广义的统计角度分析海上溢油发生概率与溢油风险，实现对海上溢油事故的预测、评估与防范。挪威 SINTEF 研究所开发的 OSCAR 建立了溢油性质、环境数据与应急决策数据三者耦合的三维数值模型，实现溢油应急决策定量分析与客观评估。

同时，随着决策支持系统支持力度的增强、决策环境的扩大，出现了以下分支：支持多个决策者共同决策的群决策支持系统；在计算机网络上实现，可支持多个异地的决策组织共同决策的分布式决策支持系统；由一个了解决策环境的、对高层领导者的决策起支持作用的，并配有先进信息技术的决策支持小组组成的决策支持中心，能对决策者产生实质性的影响。

近年来，我国溢油应急决策系统的发展已经取得了较为显著的进步，在海上溢油应急 GIS 信息管理与展示、溢油预测、应急决策支持等方面都已经取得了较多的成果，但是目前几乎所有的溢油应急决策系统都只在灾情数据展示、应急决策辅助分析等方面提供辅助决策功能。应急决策的制定与执行往往涉及多部门、多地区、多人员，需要应急指挥中心、应急单位、业务单位等不同地区、不同角色的应急相关人员参与沟通协作，而目前的应急决策系统并没有实现在溢油应急事件发生时建立跨部门、跨地区、多人员参与的应急联动指挥平台。由于海上溢油事故的随机性与突然性，溢油灾情会随着时间而产生溢油量增加、溢油漂移等不确定情况，应急人员需要快速接入系统，实时地将灾情信息上报至应急指挥中心，同时应急决策需要随灾情的变化而动态制定，应急指令的下达也需要较高的即时性。

7.5.2 辅助决策流程分析

应急决策流程分析是海上溢油应急辅助决策系统需求分析的基础，通过对应急决策流程进行分解，分析应急处置每一步中应急相关人员所做的工作与所要达到的目的，从而归纳得到本系统的功能需求，为系统的架构设计、功能模块设计与实现打下基础。

在尚未发生溢油事件时，应急工作人员需要采集汇总溢油应急事故中相关的应急资源信息，包括应急人员、应急物资、敏感源、附近港口等信息，作为应急指挥中各项决策的参考。当发生应急事故警报时，应急指挥中心建立应急指挥联动会议室开展应急指挥工作，应急决策人员通过应急指挥联动平台收集现场实时溢油灾情、应急救援情况等信息。通过收集事故信息，依据应急处置决策模型，并参考专家意见制定科学合理的溢油清除方案。确定应急处置决策方案后，制定应急资源需求表，从应急资源管理系统中，根据应急物资库分布情况，通过一定规则下的应急资源调度模型，生成应急资源调度方案。最终，应急指挥人员下达应急指挥处置方案与应急资源调度方案，应急处置单位等相关人员进行物资调度运输与溢油清污处置。

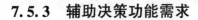

7.5.3　辅助决策功能需求

在溢油事故处理过程中，需要获取大量的信息。例如：船舶溢油应急处理需要了解当前溢油事件基本情况(溢油的油种、时间地点、溢油形式、溢油量、溢油船舶情况)；当前溢油状况(溢油油膜位置、厚度、溢油水域溢油浓度等)；当前海域气象条件、水文情况等，并对溢油今后一段时间内的运动进行预测。

油污治理需要获取应急资源的相关信息，如各种油污治理设备的分布情况、数量、工作能力、调用方式、调用所需时间等。

溢油事故发生后，有关部门需要对事故情况进行了解，并依照有关法律法规，根据事故对环境影响程度向肇事船只或相关部门提出诉讼或赔偿。因此要求系统能为相关人员提供所需法律法规信息、历史数据等。

同时，在构建溢油辅助决策系统时，系统本身还需具备一些基本功能，保证系统的业务化运行。系统本身的支持功能主要包括：①具备最基本的用户管理功能。用户需要在通过权限认证的情况下才能登录本系统，因此提供用户注册、登录等认证功能，限制未授权用户进入本系统。②要汇总应急单位、应急人员、应急队伍、救助力量、应急物资、应急预案、敏感源、污染源、港口信息等应急资源信息，实现对各类应急资源的分类与统计，具有对不同应急资源信息的增删查改，以及文件传输、报表生成等基础功能，为海上应急处置决策的制定奠定应急资源信息基础。③溢油事故的随机性与突然性，对应急指挥中心信息获取与指令下达的时效性要求较高，需要为应急信息获取与应急指令下达提供跨部门、跨地区的应急联动即时通信平台，提高应急灾情信息收集效率与指令下发的速度。应急指挥中心人员、专家，尤其是现场应急人员能利用身边设备快速接入系统，加入应急会议。现场单位或人员通过应急信息交互平台分享应急现场情况。指挥人员通过传回的事故数据与信息，与专家即时商议，下发应急处置决策方案与应急资源调度方案。④通过事故现场人员传回的各类数据，根据应急专家指导意见，应急指挥人员需要制定一套合理的应急处置决策方案。根据应急资源需求表和资源分布情况，以及规则生成应急资源调度方案，供指挥人员做下一步的指示与安排。

7.5.4　辅助决策系统架构

1)网络架构设计

由于溢油应急行动是一项较复杂的工程，牵涉了较多的部门，而且在应急行动中，这些部门处在不同的层面。为使信息交流方便，一般来讲，应急辅助决策系统采用一个基于 C/S 关系的多基系统。根据参与溢油应急行动部门的重要程度，可将系统分为基层和中央两级。基层系统的使用对象是参与溢油事故处理的各部门相关人员，侧重于信息采集和信息查询；中央系统与系统服务器相连，侧重于建库、共享和决策，中央系统的使用对象是海事部门、港口等对溢油事故处理具有决策权的领导和溢油处理及相关领域的专家，他们能通过中央系统对应急行动进行决策并将信息传送至各基层系统。基层系统和中央系统在软件结构上是一致的，只是基层系统的权限较低不能进行某些操作。

当应急指挥中心收到溢油事故和溢油信息后，指挥人员根据事故情报迅速通过应急指挥平台，构建涵盖指挥人员、现场处理人员、专家、业务人员共同参与的基于不同平台和终端的即时语音视频会议系统。该系统通过语音、视频、图片和文字资料实现溢油事件详细信息与动态信息的快速获取；应急指挥中心根据掌握的溢油信息，结合决策模型和专家意见等，生成应急处置决策方案；根据应急处置决策方案及应急资源的分布信息，生成应急资源调度方案；根据应急资源调度方案实施分布式应急资源的快速调度，完成溢油事件的快速处置和管理。应急指挥平台全程参与事件的处理过程，根据处置过程中发生的新情况或新信息，及时下达新的指挥调度命令，及时调整应急处置决策方案和应急资源调度方案，以实现快速、高效处理污染事件，减少污染事件带来的损失。

2) 系统功能组成

从辅助决策系统功能角度出发，一般可以将整体系统分为五大子系统，包括海洋环境要素子系统、电子海图平台、预警预测子系统、辅助支持子系统以及决策支持子系统。

(1)海洋环境要素子系统：通过网络传输线路，搭建相应的功能模块，从有关部门获取海域海洋环境数据，为预警中的事故预测数值模拟提供基础的风、浪、流等计算参数。

(2)电子海图平台：是系统的基础平台，实现多类型图层数据的读入、图层编辑、属性查询、辅助计算等功能，是其他应用子系统功能展示的基础。

(3)预警预测子系统：是综合海上溢油、溢油溯源、海上搜救、海上消防模块的应用子系统，主要完成基础资料数据的收集及相关事故数值模拟预测计算，根据模拟计算结果以及拥有的人力、设备和其他应急资源制定合适的应急救援方案。

(4)辅助支持子系统：包括应急事故处置方案、应急设备资源、海上设施等与决策相关资源维护的子系统。

(5)决策支持子系统：通过船舶监控指挥系统、通信指挥系统、视频监控系统对溢油事故现场进行实时、多方面、多角度的动态监测，并给出既定方案的专家修订意见，同时辅助指挥人员制定出最佳的应急事故处置方案。

第8章 海上溢油污染防治应急组织与实施

8.1 海上溢油应急预警及响应

8.1.1 预警级别

预警级别的划分以事故或险情对港口码头安全、生态环境、社会秩序可能造成的危害或威胁程度，以及溢出油量的多少等作为分级原则，将突发溢油污染事件分为一般溢油污染事件、较大溢油污染事件、重大溢油污染事件和特别重大溢油污染事件。突发溢油污染事件预警级别分为四个等级：四级预警、三级预警、二级预警和一级预警(一级为最高级别)，依次用蓝色、黄色、橙色和红色表示。

(1)四级预警(蓝色预警)

一般溢油污染事件，预警等级为四级，用蓝色表示。一般溢油污染事件是指一次溢油量 100 t 以下，或者造成直接经济损失不足 5 000 万元的污染事件；污染面积较小；不会对港口码头安全和环境敏感区及岸线构成威胁。

(2)三级预警(黄色预警)

较大溢油污染事件，预警等级为三级，用黄色表示。较大溢油污染事件是指一次溢油量 100 t 以上不足 500 t，或者造成直接经济损失 5 000 万元以上不足 1 亿元的污染事件；污染源不宜控制；污染面积较大，对港口码头安全和环境敏感区及岸线构成威胁。

(3)二级预警(橙色预警)

重大溢油污染事件，预警等级为二级，用橙色表示。重大溢油污染事件是指一次溢油量 500 t 以上不足 1 000 t，或者造成直接经济损失 1 亿元以上不足 2 亿元的污染事件；对港口码头安全和环境敏感区及岸线造成污染损害；围控和清除水面溢油所需资源超出所在港区应急清污能力，需调用本辖区内其他应急资源。

（4）一级预警（红色预警）

特别重大溢油污染事件，预警等级为一级，用红色表示。特别重大溢油污染事件是指一次溢油量 1 000 t 以上，或者造成直接经济损失 2 亿元以上的污染事件；对港口码头安全和环境敏感区及岸线构成严重威胁，以及其他性质特别严重，发生人员中毒等重大影响的事件；动用本区域资源较难防护敏感区和清除溢油；溢油源不能控制，围控和清除水面溢油所需资源明显超出本区域应急清污能力。

8.1.2　预警信息发布与应急响应

（1）预警信息发布

预警信息的发布与报送按由下至上分级进行。由溢油事件发生的基层单位应急事故指挥机构发布并上报上级单位应急指挥部办公室，上级单位应急指挥部上报所属公司。若事件等级过高或溢油防控超出公司内部能力，总公司应上报所在地方政府主管部门，所有对外信息发布须通过总公司进行。

（2）溢油事件报告及应急响应

在出现溢油情况时，发现溢油的单位和个人应立即向应急指挥部办公室和业务部调度指挥中心报告，溢油单位同时启动本单位的溢油应急预案，采取紧急措施，切断溢油源，阻断溢油扩大和进入海域，通知海上清污专业公司到达现场阻截和清污，组织调离停靠在附近码头泊位的船舶，控制事故蔓延或产生次生污染灾害；对进入海域的溢油情况要在第一时间向所在地的生态环境机构或海事管理机构报告，并服从生态环境机构或海事管理机构的应急指挥。指挥部办公室或调度指挥中心接到报告后，首先向总指挥报告，并根据总指挥指令由调度指挥中心通知指挥部其他成员，指挥部根据具体情况启动相应的应急预案，发布溢油预警信息及应急指令；必要时请求生态环境机构或海事管理机构启动上一级溢油应急预案。

（3）报告内容

报告人姓名、单位、电话、报告时间；事故发生时间、位置和设施名称；溢油及其污染物的品种、数量；溢油进入陆地的部位、数量及陆域过油面积；事故现场气象条件或环境状况（风速、风向、气温、海况）；所采取和准备采取的应急措施。

117

8.2　海上溢油应急响应

8.2.1　处置原则

对于汽油、石脑油、航空煤油等自然挥发性强及非持久性油类，一般采取自然挥发方式。当有可能向附近敏感区域扩大时，使用防火或耐火围油栏拦截；在有可能引起火灾的情况下，可根据情况使用生物降解型消油剂使其乳化分散，但应按实际需要严格控制用量。

对于柴油、原油、船舶燃料油、重油等持久性油类，一般采取浮油回收船、撇油器、污油泵、油拖把、油拖网、吸油材料以及人工捞取等方式进行回收。

当出现石油化工品等危险品泄漏时，应首先保证现场人员的安全，由专业机构按照专门预案进行处理。

当人工清除比自然清除更有害，以及不能确定清除方法的有效性时，在保证其不会扩散的前提下，可暂不采取清除行动，待有可行的方法时再采取行动。

8.2.2　处置措施

溢油事故发生后，由现场指挥负责下达应急措施指令。

首先通知溢油单位控制和封堵住溢油发生源及可能入海的各种渠道，关闭码头区域阀门和阻止溢油源继续溢油；检查码头区域水封井是否处于关闭状态，多重拦截，防止溢油及消防用水流出区域入海；对已经或可能入海的溢油事故，应对环境敏感部位进行优先防范。

确认溢油的主体方，责令其采取可能做到的防范措施。如果是船方的责任，应通知当地海事局危管防污部门。

采取措施，防止溢油源继续泄漏和可能引发的火灾；对溢油阻截时，要事先按要求进行油气浓度测爆或防火判断。

根据溢油规模的大小确定方案，调动应急防治队伍和应急设备、器材等。必要时请求专业力量援助。

当码头、油罐等油运设施发生火情或着火时，在施救灭火过程中，要首先关闭油源，采取相应措施防止溢油或含油类污染物进入水域，控制其次生污染的发生。

码头着火时应立即切断油源管路，启动消防应急预案，听从现场消防部门的指挥，在泊油轮立即撤离泊位；根据事故当时潮流情况，在水域下游和可能受到影响的敏感部位铺设防火型围油栏进行围控，在确认没有起火可能的情况下对溢出的污油和污染物进行回收清除。

当油罐区或油泵设施着火时，听从现场消防指挥，立即关闭油源管路，启动消防应急预案，并对附近排水检查井和沟渠进行封堵，开启事故池系统进行污水收集，在可能出现溢油入海的排污口周围铺设围油栏进行监控，并对入海溢油进行清捞；消防灭火中所产生的废水要堵截在灌区防火堤内或事故池内，灭火结束后，所有收集的废水要送污水处理场进行处理，达到规定的标准后排放。

当海上发生重大溢油事故时，一般应急预案若不能满足溢油的处理时，应请求政府相关部门启动当地政府海上污染清除应急预案，或请求海事部门组织力量协助海上溢油处理。

当液体化学品等危险物发生泄漏时，在保证现场人员安全的前提下，尽可能地对泄漏源进行控制，减少其外泄排放量，同时通知专业机构进行处置；现场操作人员须佩戴防护用品，并处于泄漏源上风向位置，必要时组织安全撤离。

对已进入海域的溢油尽量在近岸水上清除，水上溢油清除的经济性远优于岸线污染清除。溢油清除作业发生在以下两种场合：一是水上溢油清除作业；二是陆域及岸线清除作业。水上溢油清除作业是根据码头岸线及潮流情况采取围油栏堵截、导向和围控，尽可能将围住的污油进行聚集，然后采取回收或其他处理方法。回收水面污油原则上按照先机械或人工回收，再抛撒吸油材料吸附，最后使用溢油分散剂的次序进行。在使用收油机、吸油材料、溢油分散剂等设备、材料时应根据产品说明书操作。陆域及岸线清除作业是当溢油污染事件发生在陆域时，应立即采取措施阻止溢油继续泄漏，采用土石材料堵截陆域溢油通道，充分发挥陆上防火堤、事故池等应急工程设施的功能，封堵住入海排放口，并在排放口外布置围油栏，人工清除陆域溢油。清除陆域溢油可根据不同油种采用相应的人工刮除、锯末吸附或热蒸汽清除等方法。

受到溢油污染的陆地和岸壁，在溢油被清除后，要对其进行清洗和环境恢复。清洗污油时要做好污油水的收集和处置，不得造成二次污染。

8.2.3　溢油污染处置需注意的事项

溢油初期是油气蒸发量最大阶段。为避免对作业和急救人员的安全造成威胁，所有人员应尽量处于浮油的上风处，除关闭泵房、船上不必要的进风口，切断和消除所有火源外，还要防止易燃气体进入陆上操作间、休息室或船舶居住舱室和机舱处所。

在大规模溢油初期，禁止无关船舶进入浮油区域，清污工作应在浮油边缘区进行，在经过一段时间挥发后，方可进入浮油区域清污作业。

所有参加清污的船艇及动力设备工具必须配备火星消除装置，防止清污作业出现火情。

由于港口码头附近存在自然、经济环境敏感区及其设施，需要事先明确可能受到威胁和易遭受污染破坏的环境敏感区域，以及需要保护的优先次序，并采取相应的保护措施，防止因采取措施不当而造成人为扩大污染损害程度的情况发生。

按照规定，使用的溢油分散剂和使用区域要事先取得海事部门的准许。

在溢油应急处理过程中，回收或产生的油类及化学污染物，必须按危险废物处理规定程序和要求送交有资质的单位处置。

8.3 信息发布

（1）信息发布人

当需要向社会发布溢油事件信息时，由指定的信息发布人向社会发布溢油污染突发事件的信息。

（2）信息发布内容

溢油污染突发事件概况；对公共安全、生态环境和社会秩序可能造成的危害或威胁；污染事故应急处置情况，包括已采取的措施、取得的进展、拟采取的进一步措施等；需要提醒公众注意的事项；善后处理情况；公众关心的其他问题。

（3）信息发布方式

信息发布会；电视、广播、报刊、杂志等媒体报道；热线电话。

8.4 溢油应急保障

1）溢油应急保障计划

在对溢油事件风险和应急能力评估决策的基础上，溢油应急管理部门应制订相应的应急计划、应急队伍建设方案、应急物资配备方案等溢油应急资源建设工作计划。

2）溢油应急通信与信息保障

溢油应急单位应急领导小组或应急办公室应协同有关职能部门，建立并健全有线、无线、卫星等多种手段相结合的基础应急通信系统，保障特殊情况下信息生成、传输、储存等工作的秘密性和可用性，大力发展视频远程传输技术，保障文字、声音和图像等信息传输。

3）溢油应急队伍建设

（1）专（兼）职溢油应急队伍建设

一般来讲，涉及海洋运输及装卸的企业在开展日常生产经营的同时，需要积极开展应急救援队伍体系建设，形成以企业生产保障救援为主体、社会救援为依托的专（兼）职溢油应急队伍。按照"一专多能、一队多用"的要求，充分发挥现有专业应急队伍骨干作用和区域优势，建立各片区的溢油应急"资源共享、救援联动"机制。

在加强溢油应急队伍体系建设的同时，不断研究并建立和完善生产管理与应急救援相结合的组织体系和基层处置保障体系，并着力做好基层群防性溢油应急保障队伍建设，根据生产过程中的应急管理工作需要，组成溢油应急现场处置队伍，配备必要的防护装备、应急工具（设备）等物资，编制应急计划并定期演练，加强与专业队伍的互动演练，提高队伍综合应急能力。

本着应急资源统筹计划、合理布点的原则，分专业、分层次地逐步建立和完善区域应急救援体系，科学整合企业现有应急资源，建立健全区域联动协调机制，充分利用社会应急资源，签订互助协议，确保溢油应急期间的医疗救治、治安保卫、交通维护和运输等应急救援力量到位。

（2）行业专家技术支持

指在溢油应急领域的专业研究人士，这些专家对于溢油应急领域的事件及处置措施具有发言权，对专家库实行动态管理，适时组织专家就溢油应急工作进行交流和研讨，在溢油处置过程中可为应急决策部门提供科学的事件处置建议。应急管理工作中应吸收溢油应急处置方面专家、实验室、监测及检测机构等作为技术支持，为应急工作提供相应的支持和咨询等服务。

4）应急物资装备保障

企业应根据自身特点，进行一定种类、一定数量的溢油应急物资储备，但储备物资的品种、数量及储备地点的规划和建设应符合应急管理、应急救援与处置的要求，应急领导小组或应急领导小组办公室应充分考虑溢油应急需求和储备能力等综合要素，规范区域物资协调计划和方案，完善各级应急物资储备管理办法及应急物资储备标准，配套完善相应的调用、储备、补偿等有关政策和管理机制，同时与溢油应急单位所在省(区、市)、地区建立联系，以地方应用物资储备作为补充，形成完善的应急物资储备网络体系。

建立健全以区域应急系统为主体的应急物资储备和社会救援物资为辅的物资保障体系，建立应急物资动态管理制度。在溢油应急状态下，由溢油应急单位应急领导小组或区域整体应急领导小组统一调配使用。

5) 其他保障

(1) 经费保障

溢油应急工作年度经费专项预算和不可预见资金，由溢油应急单位提出需求计划，相关职能部门负责落实。

年度专项资金主要用于日常应急工作，包含应急计划修编、应急计划演练、应急培训和宣传、应急平台建设与管理、应急设备设施维护保养等。年度专项投资用于应急专业队伍建设、应急装备配备、应急物资储备等。

(2) 技术保障

溢油应急单位应急领导小组负责组织溢油应急平台建设和维护，协调提供应急管理工作中的技术支持，积极开展应急技术研究和开发项目的推广应用；充分发挥技术机构和应急系统的作用，不断开发溢油应急救援的新技术和新方法，提高溢油应急单位应急技术水平。本着应急资源统筹计划、合理布点的原则，分专业、分层次地逐步建立和完善溢油应急单位区域应急救援系统。

(3) 医疗救护保障

溢油应急单位应根据溢油应急需要，充分利用专业医疗救援机构，以组织实施应急医疗救治工作和各项预防控制措施。同时通过协议确定的社会应急医疗救护资源，支援现场应急救治工作。

(4) 防护、生活和交通保障

①防护保障。溢油应急救援人员应配备符合应急要求的安全职业防护装备，确保救援人员安全。②生活保障。溢油应急单位和有关单位应全力做好受影响员工与群众的基本生活保障，并做好救援人员的工作及生活保障。③交通保障。建立通畅的应急指挥人员、应急队伍输送和应急物资调运等交通保障机制。

（5）外部依托保障

根据溢油事件性质、严重程度、范围等选择应急处置和救援可依托的外部专业机构、物资、技术等，并签订互助协议，确保紧急情况下溢油事件的应急处置、医疗救治、安全保卫、交通运输等应急救援力量能够快速到位。

第9章 海上溢油应急设备库建设

9.1 基本概念

9.1.1 溢油应急反应

从狭义上讲，溢油应急反应是指按事先制订的应急计划或预案对突发的溢油污染事故采取快速有效的控制、清除措施，以消除或减少溢油对环境损害的活动；但从广义上讲，溢油应急反应不仅指具体的反应行动，还应包括针对溢油的防备、应急反应战略，需要将应急反应的相关准备活动、风险识别活动、反应设备物资储备、反应队伍建设、反应策略设计和改进等方面纳入其范围。

美国等一些发达国家，从20世纪70年代就开始研究讨论国家级的溢油应急预案、摸索建设国家或区域级应急反应系统，以及研究开发溢油处理技术。很多生产企业开始市场化生产经营溢油围控设备、回收设备以及专业清污船舶等，并投入大量人力、物力研究改进溢油处置装备和技术，这使得溢油围控能力和溢油处置技术得到快速提高。美国、日本等发达国家在溢油应急反应工作方面的先行经验，促进了世界范围的溢油应急反应事业的快速发展。

但是，在20世纪80年代之前，还没有任何一个国家在法律层面涉及溢油应急问题，国际海事组织(IMO)等相关组织尚未推进建立国际溢油应急合作公约。1990年，美国第一个建立了其国家级的溢油应急反应方面的法律——《1990年油污法》，并向IMO提交了"国际油污防备反应合作公约"草案。在美国的建议下，IMO在伦敦组织召开了"国际油污防备和反应国际合作"会议，讨论通过了《1990年国际油污防备、反应和合作公约》(以下简称《OPRC公约》)。

《OPRC公约》不仅要求各缔约国把建立国家溢油应急反应体系、制订溢油应急计划作为履行公约的责任和义务，还要求把进行国际溢油应急合作也作为各缔约国履行公约的责任和义务，这使得那些还不完全具备溢油应急资源和应急技术的国家和地区，可在溢油事故发生后向缔约国获得设备和技术的支持与援助。《OPRC公约》将人类抵御溢油对海洋环境的污染危害，由被动抵御到积极反应；

从临时抵御扩展到事先防备；从局部抵御发展到全球性的合作。

建立完善的溢油应急反应制度是顺利开展溢油事故应急处置的关键，我国政府一向十分重视水上溢油应急工作，经过长期的探索和努力，逐步建立了较为完备的应急反应制度，主要包括应急反应机制、应急预案体系、应急队伍三个要素。

(1) 溢油应急反应机制

我国政府在 1980 年 1 月 30 日加入《1969 年国际油污损害民事责任公约》，于 1983 年 7 月 1 日加入了经 1978 年议定书修订的《1973 年国际防止船舶造成污染公约》，于 1998 年 3 月 31 日加入了《OPRC 公约》，于 2009 年 3 月 19 日加入了《2001 年国际燃油污染损害民事责任公约》，并通过一系列的国内法规和文件将国际公约的要求国内化，包括《中华人民共和国海洋环境保护法》《防治船舶污染海洋环境管理条例》及其配套法令，《中国海上船舶溢油应急计划》等，在全国范围内开展了应急反应机制及各级应急预案体系的建设工作。

为了能够行使好职责，我国根据国际公约和法律法规，结合国内溢油应急反应的实际，组织制定了应急反应机制和应急预案；沿海地区设区的市级以上地方人民政府则根据本地方的实际情况，建立了地方政府的应急反应机制和应急预案，这其中体现了国家层面和地方层面的应急反应机制及应急预案的相互衔接与相互协调。

(2) 溢油应急预案体系

目前，我国已经基本形成了国家级、海区、省（自治区、直辖市）、港口、码头和船舶六级溢油应急反应体系。交通部和国家环境保护总局于 2000 年 4 月联合发布了《中国海上船舶溢油应急计划》和各海区溢油应急计划（包括《北方海区溢油应急计划》《南海海区溢油应急计划》《东海海区溢油应急计划》《台湾海峡溢油应急计划》）；海事管理机构还主持编制并实施了《珠江口区域海上溢油应急计划》《台湾海峡船舶油污应急协作计划》《渤海海域船舶污染应急联动协作机制》等协作行动计划。2004 年，交通部在原《中国海上船舶溢油应急计划》的基础上制订了《中国国家船舶污染水域应急计划》，将适用区域范围由海上扩大至所有水域，将污染物适用种类由油污扩大至油污和有毒液体物质。《中国国家船舶污染水域应急计划》是我国船舶溢油应急预案体系建设工作的纲领性文件，在其指导下，目前所有沿海的省（自治区、直辖市）均建立了省级船舶污染应急预案体系，沿海各地市建立了地市级应急预案体系。

(3) 溢油应急队伍

应急队伍是指发生船舶污染事故后，在事故应急指挥机构的统一组织、指挥、协调下，参与实施各级溢油应急计划，采取各种措施，负责污染围控、清除，具体开展应急清污行动的队伍。建立专业溢油应急队伍是实施应急能力建设规划、加强应急能力建设、提高应急能力基础的具体措施。根据美国、日本等国家的实践经验，依靠国家提供财政支持，建设专业应急队伍和应急设备库，不断提高海上污染应急能力，加强污染事故应急演练，可以在船舶污染事故应急处置中发挥关键作用。

按照不同的建设主体、应急职能和专业特性，船舶污染事故应急队伍主要由政府专业应急队伍、社会专业清污队伍和兼职清污队伍三个部分组成。政府专业应急队伍是指国务院交通运输主管部门和沿海设区的市级以上地方人民政府在各个地区建设的政府应急队伍，是政府实行行业管理、履行公共服务、维护公共安全职能的重要力量，是国家和地方政府突发性公共事件应急体系的组成部分和重要的国防资源；社会专业清污队伍主要由按市场机制运作的专业清污公司的清污队伍、大型石油企业建设的专业清污队伍、溢油应急设备器材专业生产厂家组建的专业清污队伍等组成；兼职清污队伍主要由各个危险品码头经营公司、航运公司、石油公司等兼职应急人员队伍和其他社会公众力量等组成。

9.1.2 溢油应急设备库

溢油应急设备库的概念主要源自《OPRC 公约》。该公约要求缔约国建立油污抵御设备储存库：每一当事国均应在其力所能及的范围内，单独地或通过双边或多边合作，与石油业或航运业和其他实体合作，建立一个包括最低水平的预置油污抵御设备及其使用方案。

国家溢油应急设备库的建设总体水平标志着国家抵御溢油污染的总体水平，因此各个国家在其相关政策法律法规的指导下，根据自身溢油应急的需要，建设了不同功能和不同规模的溢油应急设备库。以美国为例，根据投资实体的差异，美国溢油应急设备库分成政府设备库和企业设备库。无论是政府还是工业团体、石油公司、私人清污公司等都配有溢油应急物资，并根据执行的任务和管辖的地域特点配备不同的应急设备。美国海岸警卫队在其辖区设置了 29 个应急设备库和设备配置点，美国海上溢油响应机构(MSRC)、清洁海峡公司和清洁港公司等共计拥有价值约 7 亿美元的溢油应急设备，包括 50 余艘各类专业化溢油应急船舶，数架直升机，各种陆上专用车辆和卫星监视系统、后勤保障系统。美国的油污清除公司采取的是协会会员制度，由国家主管机关制定入市准则，面向所有社会群体开放，通过市场化、商业化的运转方式解决清污公司的生存问题。

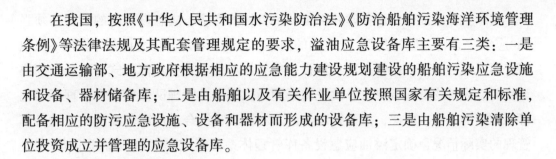

在我国，按照《中华人民共和国水污染防治法》《防治船舶污染海洋环境管理条例》等法律法规及其配套管理规定的要求，溢油应急设备库主要有三类：一是由交通运输部、地方政府根据相应的应急能力建设规划建设的船舶污染应急设施和设备、器材储备库；二是由船舶以及有关作业单位按照国家有关规定和标准，配备相应的防污应急设施、设备和器材而形成的设备库；三是由船舶污染清除单位投资成立并管理的应急设备库。

9.1.3　溢油应急设备库管理

由企业设立的设备库一般进行市场化管理运营，由于其所属企业性质不同，管理模式并不具备普遍的参考价值。而国家投资设立的溢油应急设备库，按照2016 年交通运输部海事局印发的《关于加强国家船舶溢油应急设备库运行管理的指导意见》要求，由交通运输部直属海事管理机构统一负责所属国家库的运行管理，但截至目前，尚未建立统一的运行管理模式。

国务院于 2007 年批准了国家发展和改革委员会与交通部联合编制的《国家水上交通安全监管和救助系统布局规划》，开启了我国船舶溢油应急设备库系统规划建设期。该规划涉及水上交通安全、救助、船舶污染、抢险打捞等诸多方面。

该规划根据中央管辖水域的风险等级，进行了溢油应急设备库的规划布局，已在沿海建设 16 个国家船舶溢油应急设备库，其中在大连、宁波和珠江口建设 3个大型溢油应急设备库(可对抗单次 1 000 t 船舶溢油)；在上海、烟台(改造)、秦皇岛(改造)、青岛、泉州、湛江建设 6 个中型溢油应急设备库(可对抗单次 500 t船舶溢油)，之后根据实际情况将上海设备库升级为大型溢油应急设备库；在连云港、舟山、厦门、汕头、茂名、海口和钦州建设 7 个小型溢油应急设备库(可对抗单次 200 t 船舶溢油)。计划在长江干线建设 13 个溢油应急设备库，其中中型溢油应急设备库 1 个，小型溢油应急设备库 7 个，设备设置点(可对抗单次 50 t 船舶溢油)5 个。

对于已经建成并投入使用的国家船舶溢油应急设备库，已经建成的库房和采购到位的溢油应急设备是管理系统的基础；但管理人员和管理经费的来源目前尚没有确定，管理人员是一切管理系统中的根本，管理经费是组织中的一种资源；管理人员和管理经费按照一定制度与程序结合起来组成的管理机构，以及衍生出的管理模式是设备库管理体系中最重要的部分。同时考虑到国家溢油应急设备库作为国家储备，需要在溢油应急反应中发挥重要作用，其管理必然与应急应用相结合，脱离应急应用谈管理无异于"纸上谈兵"。

实际上，溢油应急设备库并不是一个单纯的库房，应急设备库的管理必须强调"应急""设备"和"库房"三个方面的内容，且缺一不可。应急设备库管理不仅包括普通库房的管理，也包括库房内设备的管用养修、资金保障模式、应急指挥协调机制、设备物资配备要求、设备物资调用机制以及管理队伍建设和管理标准化等多方面的内容。因此，按照管理学的基本原理，结合目前国家溢油应急设备库管理的实际情况，确定溢油应急设备库管理体系的组成要素包括管理机构（主要指管理队伍和运维资金）、管理机制（主要指设备和物资的管理维护机制与日常管理模式）和应急应用模式（主要指应急指挥系统、应急设备物资调用机制）。同时，溢油应急设备库的管理实际上是直属海事机构的溢油应急管理工作内容中重要而又特殊的组成部分，宏观上的溢油应急管理更强调溢油风险的"预防"和溢油灾难发生后的"恢复"，而应急设备库管理更强调其应急应用方面的价值，主要针对溢油风险发生后的"反应"阶段，以求最大化地减轻损失。目前我国溢油应急设备库主要运行管理模式对比如表 9-1 所示。

表 9-1　我国溢油应急设备库主要运行管理模式对比

库别	设备库	运行管理模式	运行方式	运行管理机构	人员配置	资金来源
国家库	烟台	事业单位运行管理	正式成立的事业单位负责运行管理，维护保养采用社会化用工	中国海事局烟台溢油应急技术中心	事业单位人员、社会化用工	国家拨款
	秦皇岛		正式成立的事业单位负责运行管理，维护保养采用社会化用工	秦皇岛海上溢油应急反应中心	事业单位人员、社会化用工	国家拨款
	宁波	行政单位运行管理	成立专门行政机构负责运行管理、维护保养和使用委托	宁波海事局	公务员、清污公司人员	行政经费
	厦门		由既有行政机构负责运行管理、维护保养和使用委托给清污公司	厦门海事局	公务员、政府雇员、清污公司人员	市政府部分拨款
地方库	深圳	企业、三方运行管理	运行管理、维护保养、使用委托给企业	企业	企业人员	市政府拨款
	佛山		区政府、海事处、石油公司共管，但各有分工	三方共管	公务员、清污公司人员	区政府拨款

由表 9-1 中几个典型的溢油应急设备库运行管理模式可知，国家船舶溢油应急设备库的运行管理模式主要分为事业单位运行管理和行政单位运行管理两种模式，但总体上都属于国家运行管理范畴，没有出现类似日本的纯企业式运行管理。地方溢油应急设备库在运行管理上则显得更为灵活，深圳库是委托给社会专业清污公司运行管理，佛山库是三方共同运行管理。

9.2　溢油应急设备库发展状况与经验借鉴

美国、英国、日本和挪威这些溢油应急水平较高的国家，在溢油污染应急反应方面的共同特点是统一管理。这些国家不是按照溢油污染的来源进行分类管理，而是对船舶溢油、石油平台溢油、陆源溢油和其他任何形式的溢油污染一视同仁；比如英国，不管任何来源的溢油污染，只要出现在港口之外的海域，均由英国海事与海岸警卫署承担应急反应的指挥职责；再如美国，凡是沿海区域发生的溢油事故，其反应行动均是美国海岸警卫队承担指挥职责，其他相关部门在海岸警卫队的协调领导下参与行动；再如日本，由日本海上保安厅担任海上溢油反应行动的总指挥；再如挪威，海上所有的溢油污染事故，均由挪威海岸管理局应急反应部承担应急行动指挥和监管职责。水上污染应急统一管理，有利于主管机构快速整合国家投资建立的应急资源和私营机构的应急资源，避免多个主管机构重叠管理或指挥的情况出现，也能够统一指挥应急行动，促进不同来源的溢油应急队伍有效合作。

（1）美国

美国是世界上石油进口数量最多的国家，非常重视石油运输对国内海洋环境造成的污染。由于国际油污基金补偿范围和补偿限额具有一定的局限性，美国并没有加入国际上的油污基金或公约，而是建立了美国溢油责任信托基金。1989年，美国埃克森石油公司的"埃克森·瓦尔迪兹"号油轮在美国阿拉斯加的威廉王子湾触礁搁浅，漏出原油 3.7 万 t。由于当时海况复杂，风浪很大，未能采取及时有效的应急处置措施，致使 1 609 km 的海岸、7 770 km² 的海域被污染，威廉王子湾的海洋生态系统遭到了破坏，大量野生动物死亡，渔业资源受到危害，渔场被迫关闭。在"埃克森·瓦尔迪兹"号油轮事故之后，美国又发生了几起重大溢油事故，引起了美国各界的强烈反响，在保护海洋环境的强大压力下，美国在 1993 年设立了由美国海岸警卫队进行管理的国家油污基金中心，在其全国范围建立了高达 10 亿美元的清污基金，相关州也分别设立了油污基金。

美国的油污基金在赔付机制方面具有明显的先进性，主要表现在以下三个方面。一是其溢油基金适用于已知和未知污染源引起的油污事故，不仅涵盖了所有海上运输活动中发生的船舶溢油污染事故，还包括海上石油开采、储运等海上作业过程中造成的溢油污染。二是其预先赔付制度，美国油污基金制度的主要特点就是对溢油应急反应所产生的清污费用进行预先给付，这样能够为应急清污行动提供有力的资金支持。当应急清污行动结束或取得阶段性成功、污染损害规模控制在一定范围后，再评估溢油污染损害程度，对相关责任方的赔偿责任进行追究；美国政府可以利用油污基金在事故发生后最短的时间内调动全部应急资源，及时处理事故，并保障美国清污公司参加任何应急作业后都能获取相应的设备维护费以及相应的报酬，从而促使应急专业化公司和兼职公司能按照市场规律经营运作，保障了溢油应急反应的良性发展。三是赔偿限额较高，美国油污基金对每起溢油事故的赔偿限额是 10 亿美元，这是目前世界各国油污基金中最高赔偿限额。

（2）澳大利亚

澳大利亚的溢油应急反应体系和设备库建设情况与我国类似，根据澳大利亚有关法律和《国家海洋环境紧急状况应急计划》，澳大利亚海事局代表联邦政府行使海洋污染应急管辖权。澳大利亚海事局根据风险评估结论，建设了 9 个国家级设备库和 10 个消油剂存储库；澳大利亚石油公司也建设了多个设备库，其总体布局与风险评估时的高风险区域基本一致，同时也考虑到设备库之间的相互支援。为解决海上污染事故应急力量的日常管理和应用难题，澳大利亚海事局通过政府购买服务的形式使用市场化的委托服务方案。澳大利亚海事局虽然建设了多个国家级溢油应急设备库，却没有购置相关的作业船舶和飞机，也是通过与私营企业签约的形式，委托专业公司提供清污作业船舶、飞机和操作人员，同时委托专业公司对其拥有的设备库进行及时有效的管理和维护。澳大利亚海事局利用功能完善的信息管理系统对设备库进行管理，其使用的溢油应急指挥管理系统能够对全国的溢油应急资源进行统筹管理，并能够与其他应急指挥系统有效衔接。通过这套管理系统，受委托单位的管理人员需要如实填写溢油应急设备的维护保养计划，而其操作人员需要按照计划定期记录并上传设备的维护保养信息，通过这种形式，海事局管理人员能够随时对设备库内设备的实时状态进行监管，在进行溢油应急反应时针对性地调用状态更好的应急设备。这套管理系统还具备二维码管理功能，通过赋予每个设备独立的二维码，让管理人员根据需要随时使用更便捷的方式（如通过手机、移动办公设备等便携式终端）核查应急设备的功能、适用种类、维

护保养状态等信息。

2013 年，澳大利亚海事局花费约 2 000 万澳元购买其全国范围内覆盖整个澳大利亚管辖海域的溢油应急防备和设备库维护保养等相关服务。从上述数据来看，应用政府购买服务的市场化方式实现国家应急力量的管理和运行，能够极大地降低成本。这样可以让海事管理部门集中精力负责溢油应急反应的决策和溢油应急力量的部署，把溢油应急反应和设备库的管、用、养、修等专业行为交给专门服务机构，促使应急资源更好地发挥作用。

同时，应该注意到尽管政府通过市场化方式购买相关服务具有一定的优势，但也存在一定的前提要求，不是所有国家在任何条件下都可以采用这种方式，市场不是万能的。接受政府委托对设备库进行管理维护的公司并非仅负责这一业务，也非单纯的清污公司，这些公司大多涉足多种经营活动，如港口拖带等。这就使这些公司能够有足够的经营收入保证其自身的发展，政府委托业务只是其经营活动的补充而不是主要业务来源，毕竟，单靠溢油应急设备库的委托管理收入难以支撑企业的生存。同时，也要看到这些市场化的解决方案要有先进的信息化管理系统相匹配，澳大利亚海事局对设备库进行管理时采用了功能完善的信息管理系统。如果没有这样的信息化手段对设备库内的设备位置状态、维护保养情况进行随时掌握的话，难以保证溢油应急设备具备应急响应能力。

（3）其他发达国家

英国、挪威和日本海事管理部门（如英国海岸警卫队、日本海上保安厅等）都配备了溢油应急设备，设备都是由国家投资。各国（地区）海事管理部门的设备运行管理大致有以下几种方式：①由国家（地区）提供费用，包括人员和设备运行管理费；②以合同的方式把设备交给专业清污公司管理，收取的清污费用用于设备的维护；③大部分国家（地区）海事主管部门只配备少量的应急管理或技术人员，应急现场作业人员主要为专业清污公司的人员。

英国、挪威和日本的国家水上污染应急计划均适用所有水域，计划针对的污染物不但包括溢油，也涵盖其他一切对环境有污染的外来物质，污染的来源也涵盖了移动船舶、石油平台等海上设施以及港口与码头或其他区域的工业活动带来的陆源污染。这些国家设立唯一的国家级污染应急计划，既能够保证水上污染应急方针政策的统一性，又能够避免国家各有关部门之间、国家和地方政府之间以及各地方政府之间有多个应急管理和反应机构带来的职责重叠与指令冲突问题，能够快速形成口径一致、信息畅通的指挥系统，对应急反应的快速、有效组织非常有利。同时，污染应急计划的唯一性便于区域内应急反应资源和其他区域应急力量的整合协同，在事故发生时，能够快速、有效、便捷地调用任何地方和任何部门的全部应急力量，体现了溢油污染事故反应的应急性特征。

9.3 我国溢油应急设备库管理现状

9.3.1 溢油应急设备库管理现状

依据《防治船舶污染海洋环境管理条例》有关规定，2012 年，交通运输部海事局依托相关评估单位在全国范围内进行船舶污染海洋环境风险的评价工作，沿海港口企业及有关作业单位按照要求开始大量配备溢油应急设施设备，但是，企业溢油应急设施设备购置以后的大量后续工作还较为欠缺，如设施设备的日常维护保养、管理和操作人员培训、应急演习演练、应急预案更新以及设备能力统计信息的上报和更新等方面工作还很少。2011 年起我国开始全面实施船舶污染清除协议制度。按照《防治船舶污染海洋环境管理条例》和《中华人民共和国船舶污染海洋环境应急防备和应急处置管理规定》等相关法律法规要求，进出港或过驳作业的载运散装液体污染危害性货物的所有船舶和 1 万总吨以上的其他船舶，应与取得相关资质的船舶污染清除单位签订污染清除协议。

我国其他单位溢油应急设备库的运行管理方式大致如下。

中国海事局烟台溢油应急技术中心，人员编制和设备运行费用总体上由海事局行政费用开支。由于清污行动往往得不到足够的补偿，设备的运行费用比较紧张。

广东海事局通过市场运作，获得设备投资，建立了溢油应急设备库。其中，管理费用中的船舶运行费用纳入航标经费，从船舶吨税中获得；没有其他管理经费来源。

深圳海事局设备购置费可以得到市政府的资助，设备交给清污公司使用和负责管养。

港口企业设备库，例如港务局的设备由所属公司管养，有的公司管养得比较好，有的公司因管养费用太高，将清污船改作他用。惠州港设备库由该港各企业按石油及其产品吞吐量分摊投资建立港口设备库，并按投资划分股权参加清污公司和设备库的经营管理，各投资部门的码头生产所需辅助作业(围油栏铺设、油污水接收等服务项目)，均纳入清污公司的业务。

打捞局的设备由国家投资，自己管养。

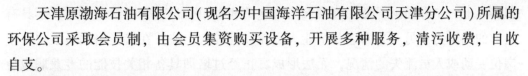

天津原渤海石油有限公司(现名为中国海洋石油有限公司天津分公司)所属的环保公司采取会员制,由会员集资购买设备,开展多种服务,清污收费,自收自支。

深圳龙善环保股份有限公司是一家专业清污公司,大型海上清污设备由南海几家石油公司共同集资购买,石油公司采取会员制,设备委托该公司管理,并提供人员培训费用。该公司为石油公司提供服务,也收取一定的费用。

上海东安有限公司与芬兰劳模集团有限公司合作,成立合资公司,人员工资由事业费解决,平时从事水上环卫工作。

一般专业清污公司都是靠多种经营维持生存,如在港口铺设围油栏、收集处理船舶油污水、收集船舶垃圾等,发生溢油事故时应听从海事局的指挥参加清污工作。

9.3.2 溢油应急设备库管理存在的问题

(1)职能定位不明确,尚未建立有效的指挥系统

按照海事系统正常的管理体制,溢油应急相关业务应由直属局和分支局的危管防污处负责,以国家某海事局为例,在其《机关内设机构、处室办事机构以及后勤管理中心主要职责》中明确,危管防污处负责辖区船舶污染有关作业人员安全和防治污染专业知识和技能的培训、考试和发证管理工作;负责辖区船舶污染应急能力建设的监督管理工作,协助编制实施省级防治船舶及其有关作业活动污染海洋环境应急能力建设规划;负责辖区管理权限内船舶污染事故和船舶载运危险货物事故的污染应急处理组织指挥工作。而且,一般省级应急预案中指挥机构的常设办公室设在直属海事局危管防污处,市级应急预案中指挥机构的常设办公室设在分支机构的危管防污处,海事局溢油中心尽管名称为"反应中心",但并不能履行各级应急预案中"反应中心"的职责。实际上,除已经被明确赋予的辖区内海事系统建设的溢油应急设备库的日常管理和应急清污职责外,海事局溢油中心参与辖区联防体设备库的管理和各地方设区市的应急反应工作,均需要由省级海事局或其分支机构的危管防污处进行协调,甚至在每次应急行动的力量调配过程中,还需要分别向省级海事局或部局请示批准后,方能投入应急反应。

(2)应急后备队伍有待建立

经过多年的努力,我国的溢油应急库已开展多次技术培训,确保人员掌握溢油应急操作技能,一旦发生重大溢油事故,理论上即可投入现场成为"战斗员"。

但实际上，一方面由于溢油管理部门对这些相关单位没有管理权限，对其不具有足够的约束力；另一方面这些企业人员流动性较大，往往在接受培训后很快发生岗位变动或人员流失的情况，无法形成真正经过培训具备相关技能的专兼职应急队伍。另外，辖区内的船舶污染清除作业单位尽管均有一批专业应急人员，但其经营负担重，在发生重大污染事故时，这些单位应该已经先于国家设备库投入了行动，无法派出足够的应急人员投入地方海事局溢油中心或溢油应急设备库的应急反应行动中。

9.4　我国溢油应急设备库管理建议

1）加强外部合作

（1）加强与船舶污染清除企业合作，培训专兼职溢油应急队伍

我国应将溢油应急设备库现有人力资源转化成有效师资力量，加强与船舶污染清除单位等相关企业的合作，为地方海事管理部门甚至全国范围的船舶污染清除单位和其他相关作业单位提供经常性专业培训，并将人员培训、考核与相关单位的资质评级、相关作业许可等行政许可和执法行为相结合并形成长效机制。这样一方面解决了船舶污染清除单位专职队伍和其他相关作业单位兼职队伍由于人员流动性较大等原因形成的缺乏有效培训的现实问题；另一方面也能培养一批溢油应急后备力量，在发生大型溢油事故时弥补地方海事局辖区国家设备库内应急资源投入应急反应时现场作业人员短缺问题。

（2）针对性配置应急设备，与地方海事部门现有设备有效衔接

考虑到我国海上溢油风险分析情况，发生较大规模溢油事故的风险依然很大，辖区频繁发生的沉潜油污染事故也已成为迫在眉睫的问题。目前各个海事局辖区的应急设备库尽管有应对大型溢油事故的理论能力，但由于缺乏针对性设备和专用作业船舶，实际上现有应急资源的能力发挥尚有欠缺，主要体现在技术先进性、装备合理性上，大型收油设备不足，应对大规模事故力量不够。因此，建议赋予各个地方海事局溢油应急管理部门一定的应急设备资源配置的自主性，通过追加投资，弥补现有应急资源的不足，配备与现有设备形成互补的技术先进的专业溢油应急作业船舶和大型溢油回收与清除设备，以应对较大规模的海上溢油事故。同时配备针对渤海沉潜油的监视监测和清除设备，防止溢油、沉潜油对重要环境敏感区造成污染，提高我国海域抵抗海区性溢油事故的应急反

应能力，逐步实现地方能够驰援全国，发挥溢油应急国家队伍的作用。另外，为有效发挥现有的大型应急设备能力，建议明确海事局至少要有一艘现有的海巡船艇作为应急反应的作业船舶，并对船舶作业面进行相应的改造，安装配套设备、留出作业平台，这样可以在尚未配备专业船舶的情况下解决缺少配套作业船舶的问题。

2）建立区域应急联动的统一管理和指挥模式

（1）明确区域统一管理机构，实施有效监管评估

目前，我国大部分直属海事管理机构辖区内均有建成或正在建设的国家溢油应急设备库，而交通运输部海事局已经明确要求，国家库由当地直属海事管理机构负责运行管理：国家库的运行管理单位应当按照固定资产管理的有关规定，对设备器材进行登记造册，建立库房管理、设备出入库、设备维护保养和人员管理等规章制度，制定国家库应急反应程序和应急保障方案。尽管设备库的日常管理和设备的维护保养工作可以委托当地企业进行，但仍需要建立或明确专门的管理机构承担上述职责并对委托单位的管理进行监管和评估。直属海事管理机构明确一个专门机构负责辖区所有国家设备库的管理工作，在无法单独成立机构的情况下，可以采取挂靠在某处室如指挥中心、计划基建处等方式，成立专门工作室并明确人员职责。建立一个区域统一的管理机构，有利于海事管理机构与船舶污染清污单位及其他相关企业的合作，避免出现直属海事管理机构下设的多个分支机构重复购买企业委托服务的现象，有利于对设备库日常管理和设备维护保养效果的监管评估。

（2）整合区域应急资源，建立联动机制

为充分发挥国家设备库的应急能力，保证辖区水域溢油应急处置工作快速有效开展，建议直属海事机构统筹辖区各设备库资源，建立各设备库之间的协调联动机制。有条件的直属海事管理机构可以将国家设备库和辖区内的港口、码头或其他作业单位的应急资源整合起来，建立区域的应急联动机制，一方面能够解决国家库专业作业船舶和现场操作人员不足的问题；另一方面也有利于整合并合理规划该直属海事机构全辖区的全部溢油应急资源，避免设备库功能重叠、同类设备的重复投资等情况，提高应急资源的整体能力。同时，在发生重大溢油事故时，还能够按照应急行动的不同地点、不同类型的实际情况针对性地、快捷合理地调配应急资源。

（3）构建信息化管理系统

交通运输部海事局已明确提出鼓励直属海事管理机构在国家库运行管理单位机构和人员不足的情况下，采用政府购买服务的方式将国家库的维护保养委托给相关企业进行。为了能够对委托服务的质量进行实时监控，确保应急设备真正处于随时可用的应急状态，避免接受委托的企业将设备库内应急资源挪作他用或日常管理流于形式等情况出现，也为了更好地全面掌握辖区的应急资源情况，直属海事管理机构构建设备库的信息化管理系统，并将该系统与其他应急指挥系统有效衔接，类似系统如图9-1所示。通过信息化管理系统，海事管理机构的设备库管理人员可以按照实际需要建立设备库管理日程安排、设备维护保养计划，要求委托单位的操作人员按时按需作业并及时录入设备的最新位置、状态和维护保养情况，管理人员足不出户就可以实时查询到设备状态，在溢油应急反应行动的第一时间制定合理有效的设备调用方案。

图 9-1　溢油应急预测预警系统

3）加强溢油应急设备库日常监管

（1）定期对现有溢油应急设备库开展溢油应急能力评估

近年来，国家对于船舶污染防治以及溢油应急能力建设的重视程度不断提升。2016年1月，交通运输部、国家发展和改革委员会联合印发《国家重大海上溢油应急能力建设规划（2015—2020年）》，要求各地港口等单位建立健全溢油应急机制体系，完善溢油应急能力。2019年国务院公布《防治船舶污染海洋环境管理条例》，该条例规定港口、码头、装卸站及从事船舶修造、打捞、拆解等作业活动的单位应当配备相应的污染监视设施、污染物接收设施及应急救援设施。交通运输部颁布了《中华人民共和国船舶及其有关作业活动污染海洋环境防治管理规定》和《中华人民共和国船舶污染海洋环境应急防备和应急处置管理规定》等相关规定，以更好地控制、减轻船舶污染危害。

因此，为落实《国家重大海上溢油应急能力建设规划（2015—2020 年）》等一系列政策法规的要求，提升水运交通整体溢油应急能力，避免资源浪费与闲置，急需对现有的溢油应急设备库溢油应急能力进行定期评估，科学分析现有应急物资库房、应急物资能力、应急人员队伍与管理制度的水平，提出合理的对策措施，为提升溢油应急能力提供有效保障。

对溢油应急设备库，一般通过资料收集、人员调研、现场调查、现状分析等方式开展溢油应急能力评估，具体流程如图 9-2 所示。

（2）加强与科研院所等机构合作，制定并实施设备库相关标准

建议交通运输部海事局充分发挥各地海事部门的管理和科研能力，利用其丰富的管理经验和人才队伍优势，加强与相关科研院所、设备生产厂家的合作，针对各类溢油应急设备库和库内常见设备制定合理的、可量化的、可操作的设备库设备配备标准、应急响应标准和日常管理标准，以及应急设备技术标准和维护保养标准；并对已有的相关技术标准进行修订优化，形成系统配套的行业标准体系后交由具有国家溢油应急设备库管理职责的直属海事管理机构落实执行。不管是具备专门管理队伍的国家库，还是通过政府购买服务的方式委托给相关机构进行管理的国家库，均应统一执行这些设备库相关标准。同时，通过建立有效的设备生产标准和维护标准，能够有针对性地指导设备库在建设过程中进行科学合理的设备配置和验收，科学合理地指导设备库管理过程中设备的日常维护保养。

（3）对设备库设备配备和设备实际效能进行量化评价

针对目前港口、码头等企业单位配置的溢油应急设备性能偏低，低水平重复配备现象严重，缺乏能应对重大溢油事故的专业船舶等实际情况，海事管理机构应利用辖区溢油风险评估情况和设备库相关配备标准，对现有的国家溢油应急设备库资源配备能否与辖区内港口、码头以及其他相关作业单位的应急资源形成有效互补进行评估。评估的范围不仅要包括设备的溢油控制能力、清污能力、卸载能力等性能指标和数量，更要包括设备配套程度、作业条件、应急响应时间和应急作业时间等内容。同时，为避免防污染设备总量看似庞大，但实际应急能力不

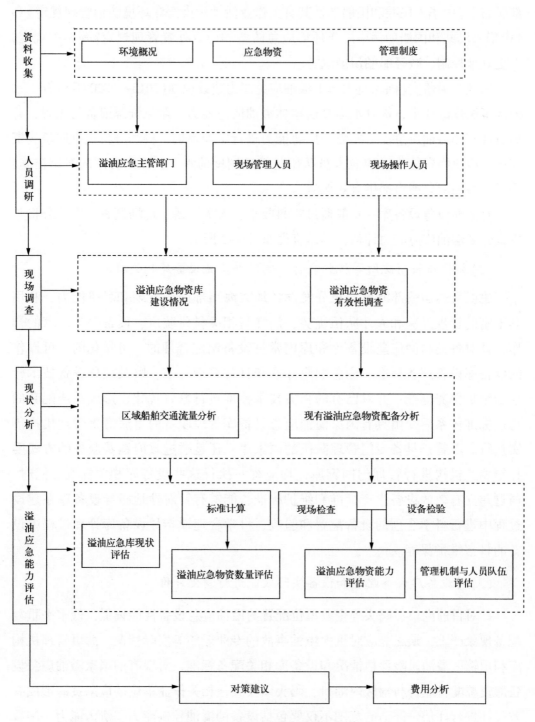

图9-2 溢油应急设备库评估流程

足这一问题的出现，海事管理机构还应该委托相关科研机构或其他有能力的单位，应用统一的技术标准和检测规范对于收油机、溢油分散剂喷洒装置、吸油拖栏和应急卸载装置等主要的溢油应急设备的实际效能进行检测。这些检测和评估工作不仅要在设备库建设的设备验收阶段进行，也要在设备投入使用一段时间后针对老旧设备器材进行重点抽检，以确保应急设备的实际效能与设备库配置和辖区风险相匹配。

（4）定期对设备库的维护管理效果进行量化评价

各地方海事管理机构应当参照相关设备库管理标准和设备维护保养标准对辖区内的溢油应急设备库的管理效果进行定期评估，特别是对于库内设备的实际维护保养效果和设备库的应急响应能力是否达标进行评价；并将评价结果作为管理机构工作考核的依据或与相关委托管理机构签订协议的履行指标。这类量化评价工作可以与目前交通运输部海事局每年定期组织的对各地国家溢油设备库的巡检工作结合起来，利用设备巡检机构弥补直属海事管理机构设备机械缺乏、专业技术人员和专业能力的不足。必要时，交通运输部海事局可以要求或邀请一些技术支撑单位及其他溢油污染清污单位和应急设备生产厂家的技术人员配合开展设备库巡检工作。

4）提升设备库快速溢油应急能力

（1）对现有的无效应急物资进行更换

在对溢油应急设备库进行评估的基础上，根据应急物资有效性评估结论，溢油应急物资中属于易耗品的溢油分散剂、吸油毡、化学吸附棉、吸油拖栏以及各类围油栏等物资，若已超出使用期限，同时部分附件物资出现老化、破损、断裂等现象的，建议溢油应急设备库对其进行重新购置，保证全部溢油应急物资的使用年限满足要求。

（2）对溢油应急物资进行规范化管理

在溢油应急设备库内配置起吊能力在 6 t 以上的叉车，便于对充气式橡胶围油栏及其他应急物资的起吊，同时配置车辆，便于发生溢油应急事故后各类物资的快速装车及运输（图 9-3）。

对溢油应急物资进行分区管理，并按物资类型进行分区存放（图 9-4）。

在设备库内应对不同的应急物资与设备明确操作流程示意图，对各类物资的性质、操作规程、安全事项等进行详细说明，确保现场操作人员能够通过流程示意掌握各类设备的应用技能(图9-5)。

图9-3　溢油应急库配置车辆及起吊装置的规范化

图9-4　溢油应急物资分区存放的规范化

图9-5　溢油应急物资操作流程的规范化

对各类溢油应急物资进行模块化管理与存放,各类吸附物资均应放置于托盘上,便于快速装车;机械类设备均应与配件成套存放,以便实现设备的快速连接与运行,同时均应置于托盘上,便于快速装车运输;具有移动应急站的,移动应急站内物资也应进行模块化存放，具体如图 9-6 至图 9-8 所示。

图 9-6 溢油应急物资模块化管理的规范化

图 9-7 机械类应急设备模块化管理的规范化

图 9-8 移动应急站模块化管理的规范化

对于溢油应急物资的各类配件应进行统一管理，包括人员防护装备、设备维修工具等，并配置人员应急包。单个应急包应对应一名现场应急人员，应急包中应配置 1 名人员 3 天用量的饮用水及简易食品，保证现场应急人员能够快速出发，实施现场应急，具体如图 9-9 和图 9-10 所示。

图 9-9 溢油应急设备配件的规范化管理

图 9-10 应急包的规范化管理

（3）开展溢油应急设备库及应急物资信息化管理

构建溢油应急管理信息系统，实现对溢油应急设备库的远程与视频监管，保证管理人员能够随时了解溢油应急设备库的实时情况；实现对于各类应急设备物资的数字化管理，系统中纳入应急物资的台账记录、维修巡检记录、出入库记录等各项内容；纳入国家关于溢油应急的相关政策文件、法律法规、标准规范等，并在管理系统中设置各项应急设备的操作说明，保证溢油应急管理人员与操作人员能够通过管理系统了解国家对于溢油应急的各项要求，并学习掌握各项溢油应急设备的操作技能，具体如图 9-11 和图 9-12 所示。

图 9-11　溢油应急设备库远程监管平台界面

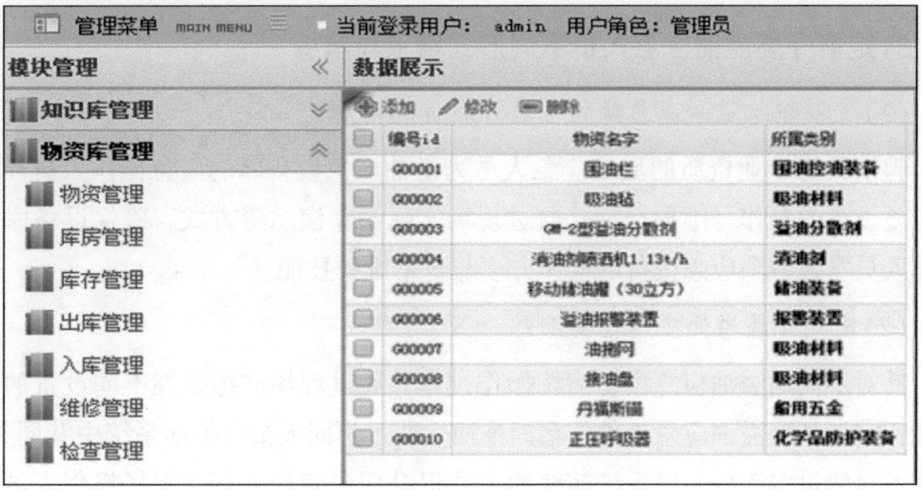

图 9-12　溢油应急设备管理平台界面

同时，为满足港口发生溢油事件后的科学决策与准确应急，在溢油应急管理信息系统中，还应纳入溢油事故的预测模拟模块，实现对不同区域、不同时间等条件下溢油事故的预测仿真，科学判断油品的运动趋势，为制定准确的应急决策提供科学依据。溢油事故预测模拟界面如图9-13所示。

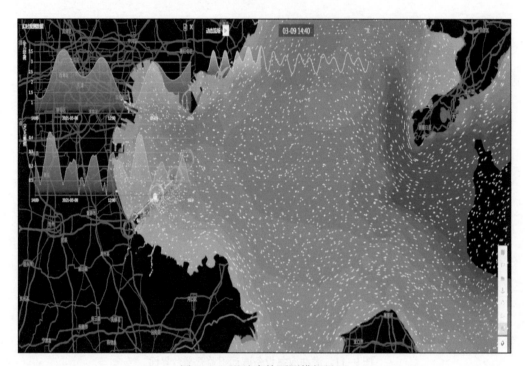

图9-13　溢油事故预测模拟界面

5) 定期开展溢油应急人员不同形式培训与演练

(1) 定期组织溢油应急操作人员开展技能培训

聘请具有专业资质的溢油应急人员为溢油应急设备库的应急操作人员开展各类应急设备的操作与维护培训，通过现场实际操作演示等方式，确保设备库应急操作人员掌握各项应急设备的操作方法与日常维护技能。

(2) 定期开展溢油应急现场演练

针对不同的溢油应急设备演练操作过程，通过现场演练掌握不同设备的操作技能；定期开展溢油应急事件的桌面推演，通过不同人员在推演系统中共同参与，完成各自的设定工作，以系统演练的方式提升应急管理人员及现场操作人员的溢油应急能力，具体如图9-14所示。

图 9-14 溢油应急事件桌面推演界面

6) 强化溢油应急设备库

(1) 加强顶层设计和相关法律建设, 建立统一的指挥体系

目前, 我国正在进行溢油应急防备与处置体系的系统建设。船舶污染清除协议制度、船舶油污损害赔偿基金等都是 2012 年以后才开始陆续执行。这些制度在执行过程中与国家设备库的衔接上还存在一些问题, 如国家设备库的运行管理体制机制还没有系统性地建立起来, 国家设备库、船舶污染清除单位、港口企业及其他相关作业单位的应急资源尚未建立有效的整合联动机制, 油污基金的补偿范围和补偿能力尚未得到充分发挥。因此, 建议在国家层面针对溢油应急系统工程进一步优化法律法规, 改善管理制度、行业政策等顶层设计, 整合国家设备库、港口码头企业和船舶污染清除单位的应急资源, 尽早形成定位准确、责权利明确

的整体应急资源体系，建设各负其责、高效协调、统一指挥的溢油应急区域联动模式。

我国还应整合海事、自然资源和地方政府等多部门的力量，进行溢油污染事故应急反应专项法规的研究，尽快出台应对所有类型溢油污染事故应急反应的统一法规和整体预案，将船舶溢油污染、海上石油平台溢油污染、陆源溢油污染以及其他形式的溢油污染整合，统一规划溢油应急能力建设，提高溢油应急资源的共享程度。

（2）尽快完善溢油应急设备库国家经费划拨途径

溢油应急设备库内的设备、物资专业性较强，需要进行日常维护保养，定期开展操作演练，及时进行设备、物资更新。目前，已建的国家级溢油应急设备库在维护管养资金方面均缺乏保障，在一定程度上影响了国家溢油应急能力的充分发挥。2015年，按照深化预算管理体制改革的相关要求，海事系统主要经费来源转为一般公共预算安排，海事溢油设备库的运行维护费主要通过项目支出开支，而项目支出不同于一般性基本预算支出，并非按年度按预算整体划拨，而是不定期划拨。设备库建设完成后，一般缺少相应配套管理资金，从而使大部分设备库仅能对库房等基础设施进行简单的维护，不能按照应急要求对设备进行管、用、养、修和实操演练，从而导致设备库不能发挥其应有的作用。因此，为保持已建成的应急设备库处于随时可用、整装待发的状态，建议交通运输主管部门尽快完成制定国家溢油应急设备库运行维护预算定额标准（标准中应涵盖溢油应急物资购置费用、设备物资维护保养费用、社会化聘用人员费用、培训费用、库房维护费用、实操演练费用和应急处置费用等），并协助直属海事管理机构将需要的国家设备库运行维护费用列入年度预算资金中。

参 考 文 献

卞海恒，2017. 消油剂与颗粒物联合应用于滨海溢油清除的实验研究[D]. 青岛：中国石油大学（华东）.

曹红俊，2018. 海洋溢油遥感监测信息系统关键技术研究[D]. 青岛：山东科技大学.

曹立新，2008. 关于溢油分散剂效能检测方法的探讨[J]. 交通标准化，2(3)：57-60.

常敬州，陈杰，2018. 我国船舶溢油应急设备库管理现状分析[J]. 航海技术(4)：55-57.

陈贵峰，杜铭华，戴和武，等，1997. 海洋浮油污染及处理技术[J]. 环境保护(1)：10-13.

程聪，2006. 黄浦江突发性溢油污染事故模拟模型研究与应用[D]. 上海：东华大学.

丁一，徐茂景，王萍，等，2015. 基于星载 SAR 影像的海面溢油业务化监测系统[J]. 防灾科技学院学报，17(2)：55-60.

丁忠浩，2002. 有机废水处理技术及应用[M]. 北京：化学工业出版社.

郭为军，2011. 三维溢油数值模式研究及其在近海的应用[D]. 大连：大连理工大学.

郭运武，刘栋，钟宝昌，等，2008. 风对河道溢油扩展、漂移影响的实验研究[J]. 水动力学研究与进展 A 辑(4)：446-452.

贺世杰，王传远，刘红卫，2013. 海洋溢油污染的生态和社会经济影响[C]//2013 中国环境科学学会学术年会论文集(第四卷)，223-226.

黄娟，曹丛华，赵鹏，等，2015. 渤海溢油三维漂移数值模拟研究[J]. 海洋科学，39(2)：110-117.

贾新苗，2017. 以贝壳粉为载体的海洋溢油修复剂的制备研究[D]. 天津：天津科技大学.

姜宏伟，2015. 渤海沉潜油监视监测技术研究[D]. 大连：大连海事大学.

金戈，2019. 基于三维潮流场的溢油数值模拟研究[D]. 大连：大连海事大学.

鞠忠磊，2019. 溢油分散剂作用下沉潜油形成的波浪水槽试验研究[D]. 大连：大连海事大学.

李怀明，娄安刚，王璟，等，2014. 蓬莱 19-3 油田事故溢油数值模拟[J]. 海洋科学，38(6)：70-77.

李怀明，2013. 蓬莱 19-3 油田海底溢油输移扩散数值模拟研究[D]. 青岛：中国海洋大学.

李品芳，2000. 厦门港船舶溢油环境风险评价[D]. 大连：大连海事大学.

李树华，2003. "威望"号油轮溢油事故及其在国际社会引起的强烈反响[J]. 交通环保，24(1)：36-42.

李燕，杨逸秋，潘青青，2017. 海上溢油数值预报技术研究综述[J]. 海洋预报，34(5)：89-98.

李燕，朱江，王辉，等，2014. 同化技术在渤海溢油应急预报系统中的应用[J]. 海洋学报，36(3)：113-120.

李忠义，1996. 油凝胶剂—G-1 的合成[J]. 大连理工大学学报(1)：120-122.

刘彤，李勃，陈文博，等，2014. 海洋溢油对海水养殖区功能影响评价方法探讨[J]. 中国水产(12)：

31-34.

刘元廷, 2013. SAR 溢油检测软件的设计与开发[D]. 青岛: 中国海洋大学.

刘月, 2013. 溢油沉潜特征的实验研究[D]. 大连: 大连海事大学.

满春志, 刘欢, 2012. 海上溢油应急处置技术探讨[J]. 油气田环境保护, 22(6): 50-52.

钱国栋, 2016. 海上溢油消油剂使用效果的盐度影响试验分析[J]. 航海工程, 45(3): 131-134.

任律珍, 杨金湘, 王佳, 2020. 渤海沉潜油运动规律的数值模拟分析[J]. 厦门大学学报(自然科学版), 59(1): 71-82.

佘志鹏, 2018. 河北海事局溢油应急设备库管理研究[D]. 大连: 大连海事大学.

石立坚, 2008. SAR 及 MODIS 数据海面溢油监测方法研究[D]. 青岛: 中国海洋大学.

石立坚, 赵朝方, 刘朋, 2009. 基于纹理分析和人工神经网络的 SAR 图像中海面溢油识别方法[J]. 中国海洋大学学报(自然科学版), 39(6): 1269-1274.

宋莎莎, 安伟, 王岩飞, 等, 2018. 机载小型合成孔径雷达溢油遥感监测技术[J]. 船海工程, 47(2): 48-53.

苏君夫, 1992. 消油剂及其应用问题[J]. 海洋通报, 11(2): 73-79.

苏腾飞, 2013. 面向对象的 SAR 溢油检测算法与系统构建[D]. 青岛: 国家海洋局第一海洋研究所.

孙云明, 刘会峦, 陈国华, 等, 2001. 淀粉系列海上溢油凝油剂的制备与凝油性能[J]. 海洋科学, 25(8): 37-41.

王晶, 李志军, 2007. 渤海海底管线溢油污染预测模型[J]. 海洋环境科学, 26(1): 10-13.

王思宇, 2017. 河口及近岸海域油污染生态风险评价技术研究[D]. 大连: 大连海事大学.

魏立娥, 尹鑫, 刘聚涛, 等, 2017. 生物表面活性剂在溢油污染处理中的应用现状综述[J]. 江西水利科技, 43(4): 263-266.

温艳萍, 吴传雯, 2013. 大连新港"7.16 溢油事故"直接经济损失评估[J]. 中国渔业经济, 31(4): 91-96.

夏文香, 林海涛, 李金成, 等, 2004. 分散剂在溢油污染控制中的应用[J]. 环境污染治理技术与设备, 5(7): 39-43.

肖景坤, 2001. 船舶溢油风险评价模式与应用研究[D]. 大连: 大连海事大学.

杨建强, 陈逸航, 陈玲, 等, 2023. 钦州湾典型工程溢油对周边海域影响的数值模拟研究[J]. 广西科学, 30(2): 394-402.

姚重华, 苏克曼, 周楹, 1999. 山梨醇型凝油剂的制备与性能[C]. 全国水处理、节水节能、环保精细化学品学术交流会, 24-25.

叶志波, 2016. 石油与海岸带悬浮颗粒物的相互作用研究[D]. 青岛: 青岛理工大学.

易世泽, 2013. 溢油分散剂使用效果评定及机理研究中存在的问题[J]. 海洋环境科学, 32(5): 791-794.

曾江宁, 徐晓群, 寿鹿, 等, 2007. 海底石油管道溢油的生态风险及防范对策[J]. 海洋开发与管理, (3): 120-123.

旃秋霞, 2017. ATR-FTIR 结合 GC-FID 快速识别油指纹技术研究[D]. 大连: 大连海事大学.

张艳秋，2019. 波浪作用下悬浮颗粒物对溢油沉潜过程的影响[D]. 大连：大连海事大学.

张兆康，冯权，刘玉清，2014. 水中沉底油和半沉底油的清除[J]. 中国海事(6)：22-25，32.

周群群，何利民，2018. 海上溢油数值模拟研究进展[J]. 油气田环境保护，28(1)：4-9.

周志国，马传军，杨洋洋，2013. 海上溢油处置技术研究进展[J]. 安全、健康和环境，13(4)：34-37.

朱童晖，2010. 大连新港海域原油污染处置的反思与启示[J]. 海洋开发与管理(8)：34-38.

竺诗忍，张继萍，1997. 舟山海域突发性溢油环境风险评价[J]. 海洋环境科学，16(1)：53-59.

邹亚荣，林明森，马腾波，等，2010. 基于 GLCM 的 SAR 溢油纹理特征分析[J]. 海洋通报，29(4)：455-458.

BLOKKER P C, 1964. Spreading and evaporation of petroleum products on water[C]//Proceedings of the 4th International Harbor Congress, Antwerp, the Netherlands.

BRAGG J R, YANG S H, 1995. Clay-oil flocculation and its role in natural cleansing in Prince William Sound following the Exxon Valdez oil spill[M]. Exxon Valdez Oil Spill: Fate and Effects in Alaskan Waters. ASTM International.

CAROLIS G D, ADAMO M, PASQUARIELLO G, et al., 2013. Quantitative characterization of marine oil slick by satellite near—infrared imagery and oil drift modeling: the fun shai hai case study[J]. International Journal of Remote Sensing, 34(5): 1838-1854.

CEKIRGE H M, KOCH M, LONG C, et al., 1995. State-of-threat techniques in oil spill modeling[C]. International Oil Spill Conference, American Petroleum Institute.

DELVIGNE G A L, VAN DEL STEL J A, SWEENEY C E, 1987. Measurements of vertical turbulent dispersion and diffusion of oil droplets and oiled particles[M]. Anchorage, Alaska. US Department of the Interior, Mineral S Management Service, 501.

ELLIOTT A J, 1991. EUROSPILL: oceanographic processes and NW European shelf databases[J]. Marine Pollution Bulletin, 22(11): 548-553.

GUO W J, WANG Y X, 2009. A numerical oil spill model based on a hybrid method[J]. Marine Pollution Bulletin, 58(5): 726-734.

GUYOMARCH J, MERLIN F X, 1999. BERNANOSE dispersion: behavior of the dispersed and marine oil spill program technical[C]//Arctic of Supply and Services, Canada, 1: 137-150.

JIN J F, WANG H Y, JING Y N, et al., 2019. An efficient and environmental—friendly dispersant based on the synergy of amphiphilic surfactants for oil spill remediation[J]. Chemosphere, 215: 241-247.

JOHANSEN O, 1984. The Halten bank experiment observations and model studies of drift and fate of oil in the marine environment[C]//Proceedings of the 11th Arctic Marine Oil Spill Program(AMOP)Tech, Seminar, Environment Canada.

KHELIFA A, FIELDHOUSE B, WANG Z D, et al., 2008. Effects of chemical dispersant on oilsedimentation due to oil-SPM flocculation: experiments with the nist standard reference material 1941[C]. International Oil Spill Conference. American Petroleum Institute(1): 627-631.

KHELIFA A, HILL P S, LEE K, 2005. A comprehensive numerical approach to predict Oil-Mineral Aggregate (OMA) formation following oil spills in aquatic environments[C]. International Oil Spill Conference, American Petroleum Institute, 1: 873-877.

KHELIFA A, LEE K, HILL P S, et al., 2004. Modelling the effect of sediment size on OMA formation [C]//Arctic & Marine Oilspill Program. Canada.

LI Y, ZHU J, WANG H, 2013. The impact of different vertical diffusion schemes in a three-dimensional oil spill model in the Bohai Sea[J]. Advances in Atmospheric Sciences, 30(6): 1569-1586.

LI Z K, LEE K, KEPKAY P E, et al., 2011. Monitoring dispersed oil droplet size distribution at the Gulf of Mexico Deepwater Horizon spill site[C]//International Oil Spill Conference Proceedings. American Petroleum Institute.

LI Z K, LEE K, KING T, et al., 2008. Assessment of chemical dispersant effectiveness in a wave tank under regular non-breaking and breaking wave conditions[J]. Marine Pollution Bulletin, 56: 903-912.

LI Z K, LEE K, KING T, et al., 2009. Evaluating crude oil chemical dispersion efficacy in a flow-through wave tank under regular non-breaking wave and breaking wave conditions[J]. Marine Pollution Bulletin, 58(5): 735-744.

LOH A, SHIM W J, HA S Y, et al., 2014. Oil-suspended particulate matter aggregates: formation mechanism and fate in the marine environment[J]. Ocean Science Journal, 49(4): 329-341.

MACKAY D, HOSSAIN K, 1982. An exploratory study of sedimentation of naturally and chemically dispersed oil[M]. Research and Development Division, Environmental Emergency Branch. Environmental Impact Control Directorate, Environmental Protection Service. Environment Canada.

NASER H A, 2013. Assessment and management of heavy metal pollution in the marine environment of the Arabian Gulf: a review[J]. Marine Pollution Bulletin, 72(1): 6-13.

PAYNE J R, JOHN R, CLAYTON J R, et al., 2003. Oil/Suspended particulate material interactions and sedimentation[J]. Spill Science & Technology Bulletin, 8(2): 201-221.

REED M, DALING P S, BRANDVIK P J, et al., 1993. Laboratory tests, experimental oil spills, models and reality: the Braer oil spill[C]//Proceedings of the 16th Arctic and Marine Oil Spill Program Technical Seminar. Ottawa, ON, Canada: Environment Canada: 203-209.

ROSS S, BUIST I, POTTER S, et al., 2001. Dispersant testing at ohmsett: feasibility study and preliminary testing[C]//International Oil Spill Conference Proceedings. American Petroleum Institute.

SHCHEPETKIN A F, MCWILLIAMS J C, 2005. The regional oceanic modeling system (ROMS): a split-explicit, free surface, to pography-following-coordinate oceanic model [J]. Ocean Modelling, 9(4): 347-404.

SORENSEN L, MELBYE A G, BOOTH A M, 2014. Oil droplet interaction with suspended sediment in the seawater column: influence of physical parameters and chemical dispersants[J]. Marine Pollution Bulletin, 78(1-2): 146-152.

STIVER W, MACKAY D, 1984. Evaporation rate of spills of hydrocarbons and petroleum mixtures[J]. Envi-

ronmental Science & Technology, 18(11): 834-840.

TARANTO E, HASHIMOTO E, NORFOLK V, 1970. Operational oil spill drift forecasting[J]. Proceedings of the Symposium.

WILLIAMS G N, HANN R, JAMES W P, 1975. Predicting the fate of oil in the marine environment[C]. International Oil Spill Conference.

XU T, YAN B, SUN L, 2014. Numerical simulation of accidental oil spill diffusion in Xiamen sea area[C]. The Twenty-Fourth International Ocean and Polar Engineering Conference.